电商图片处理基础

主 编 / 朱楚芝

副主编 / 袁江军 白秀艳 王 杰 袁德恩

電子工業出版社.

Publishing House of Electronics Industry

北京·BEIJING

内容简介

如何让图片在电商平台上脱颖而出？基于用户需求的图片处理和图片设计至关重要。本书采用理论与案例相结合的方式，详细介绍了电商图片处理基础，包括营销图片和海报等的设计思路和具体实现方法。

本书内容分为三个部分：电商图片处理基础知识、营销图片设计技巧、电商平台营销图片设计技巧，共有 8 个大项目，包含 31 个子任务，深入结合淘宝店铺美工助理岗位技能的要求。整本书的任务安排从"教师带着做"（项目 1 到项目 5）到"学生尝试独立完成"（项目 6 到项目 7），再到"学生独立完成"（项目 8）。任务载体的设计遵循职业教育课程教学设计的"6+2 原则"，每个任务都有相应的重点和难点，以及符合教学内容之间递进关系的子任务，使教学切实可行。每个项目提供"素养园地""同步实训""同步测试"栏目，让读者可以更好、更深入地掌握电商图片处理的基础。

本书既可以作为职业院校相关专业的专业课教材，也可以作为电商培训机构的培训用书，还可以供网店和微店店主、电商美工、设计人员等电商从业者学习参考。

图书在版编目（CIP）数据

电商图片处理基础 / 朱楚芝主编. —北京：电子 工业出版社，2024.2
ISBN 978-7-121-47419-4

Ⅰ. ①电… Ⅱ. ①朱… Ⅲ. ①图像处理软件 Ⅳ. ①TP391.413

中国国家版本馆CIP数据核字（2024）第048796号

责任编辑：朱干支
文字编辑：吴　琼
印　　刷：天津画中画印刷有限公司
装　　订：天津画中画印刷有限公司
出版发行：电子工业出版社
　　　　　北京市海淀区万寿路173信箱　　邮编：100036
开　　本：787×1092　1/16　印张：14.25　字数：364.8千字
版　　次：2024年2月第1版
印　　次：2024年2月第1次印刷
定　　价：69.00元

凡所购买电子工业出版社图书有缺损问题，请向购买书店调换。若书店售缺，请与本社发行部联系，联系及邮购电话：（010）88254888，88258888。

质量投诉请发邮件至 zlts@phei.com.cn，盗版侵权举报请发邮件至 dbqq@phei.com.cn。

本书咨询联系方式：wuqiong@phei.com.cn，（010）88254541。

本书是首批国家级职业教育电子商务教学创新团队的研究成果，是杭州职业技术学院科研创新团队"高质量就业政策研究创新团队"的研究成果。

党的二十大报告强调，"加快发展数字经济，促进数字经济和实体经济深度融合，打造具有国际竞争力的数字产业集群。"新视觉电商作为数字经济和实体经济深度融合的产物，借助新一代视觉技术赋能，在推动经济社会高质量发展、释放消费潜力等方面发挥着不可替代的作用。

一、教材编写思路

本书在编写过程中坚持"立德树人"的根本任务，以学生为中心，围绕职业岗位需求，结合电商产品图片处理的实际特点，摒弃传统教学中大篇幅的理论叙述，将课程内容划分为电商图片处理基础知识、营销图片设计技巧、电商平台营销图片设计技巧三部分，内容由浅入深、循序渐进，具有较强的实用性，使学生能够快速上手。本书主动适应各类电商平台、产业、企业对人才培养的要求，以培养电商产业转型升级人才为目标，凸显应用型、复合型特色，坚持教材编写观念与创新教育理念结合，教材内容与电商行业产品设计、实际工作结合，体例灵活性与适读性结合，促进从理念到内容、体例的全面创新。

本书主要教学目标是让学生能够达到岗位等级中的美工助理设计层级。这个层级中的设计师属于行业新手，尚处于"学徒"阶段，设计经验在半年左右。能基本掌握 Photoshop 的一般技能，独立完成网店页面设计和商品展示设计；独立完成店铺产品的描述页面设计制作及商品的上架与下架；配合店主和运营人员完成日常店铺维护和活动期间的维护。

二、教材结构与特色

（一）双重建设目标：素养引领与知识传授

本书将功能定位于素养引领与知识传授。遵循教材思政建设的政治性与思想性统一、契合性与适度性统一、权威性与亲和性统一、普适性与特色性统一、基础性与先进性统一的原则，将相关法律法规、电子商务行业文化、电子商务平台文化等融入专业课程，实现价值目标对知识目标的引领和统一。

（二）双重内容来源：学科与行业

针对已有教材内容理论性强、应用性弱的问题，本书遵循以研促编、夯实教材内容的思路。首先，教材作为学科、专业知识的集大成者，编写的科学性不能忽视，要吸收本学科最前沿的理论成果；其次，以当前电商行业各类平台美工设计岗位中的问题为导向，充分研究电商行业设计现有的最新研究成果，把解决生产实践中的问题作为内在诉求；最后，在厘清各章内容逻辑关系的基础上，充分考虑学校人才培养定位，本书内容偏重以项目为载体对学生进行教学引导。

（三）学生中心理念：创新教材体例

高校教育教学改革要求以学生为本，引导学生主动学习。本书从多角度构建知识框架，并在体例上寻求突破，力争创新。通过设置专门的知识主题、单元、模块融入思政内容，以相对独立的形式分别阐述专业知识和育人知识。在文字叙述相关理论和知识的基础上，教材适度增设"项目情境""任务情境""素养园地"等板块，习题类型从选择题、判断题、简答题等基础题到层次较高、综合性较强的实训题，以创新体例带动教材创新。力求学生能根据淘宝、抖音、拼多多、京东等主流电子商务平台要求，完成产品海报的创新设计。

（四）聚焦以学促做：微知识和微视频

实践能力不是通过书本知识的传递来提高的，而是通过学生自主运用多样的学习方式和方法，尝试性地解决问题而提高的。本书结合淘宝美工助理岗位技能的实际情况，增强学生的学习兴趣，提高教学效果。任务配套相关视频（详见华信教育资源网），使教学切实可行，坚持"做中学，学中做"的原则，知行合一。

三、教材编写成员

本书由朱楚芝担任主编，袁江军教授、白秀艳、王杰、袁德恩担任副主编。负责图文校对和素材整理等工作的还有朱楚芝视觉设计协同创新团队的郑俊杰、徐晓庭、姚嘉璐、陈龙威、孟志娟，在此向他们表示最诚挚的感谢。

本书既可以作为职业院校相关专业的专业课教材，也可以作为电商培训机构的培训用书，还可以供网店和微店店主、电商美工等电商从业者学习参考。虽然我们在编写过程中力求准确、完善，但书中难免存在疏漏与不足之处，恳请广大读者批评指正。

编　者

CONTENTS   目 录

第一部分　电商图片处理基础知识

第二部分　营销图片设计技巧

第三部分 电商平台营销图片设计技巧

第一部分
电商图片处理基础知识

项目1　电商图片处理基础应用

重难点

❖ 调整图片大小的方法
❖ "裁剪工具"的使用方法
❖ "自由变换"的操作方法及常用辅助工具

项目导图

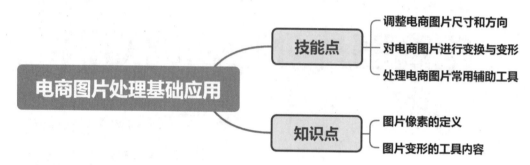

项目情境

小李是一位电子商务专业的人员，有一定的开店经验。现在打算自己创业，由于对小商品市场较为熟悉，准备开一家C类杂货铺小店，消费者定位为年轻人。在做好开店准备工作后，小李打算招聘一位具有电商专业理论知识，能够辅助自己进行上新宝贝、店铺装修等工作的美工助理。假设你是学习并从事电商图片处理工作的人员，应聘成为小李团队的美工助理。

任务1　图像尺寸和方向

任务情境

小李和美工助理已经完成第一批产品的拍摄工作，美工助理需要把所有产品的图片进行分类整理。当图片的尺寸、大小、方向与预期不同时，就需要对其进行调整。小李要求美工助理配合他完成店铺产品的上新工作。前期拍摄的图片以清晰度高、尺寸大、内存大为主，但是淘宝对主图、海报等图片的尺寸大小、内存大小都有特定的要求，现在美工助理按照要求对图片进行调整。

【知识链接1】认识Photoshop 2022操作界面

Photoshop 2022操作界面由菜单栏、属性栏、标题栏、工具箱、浮动面板、状态栏、编辑区七个模块组成，如图1-1所示。

图1-1　Photoshop 2022操作界面

菜单栏即界面第一行，包括文件、编辑、图像、图层、文字、选择、滤镜、3D、视图、增效工具、窗口、帮助共12个菜单，大部分使用功能都被包含其中。可以直接单击或用快捷键调出相应菜单，例如文件菜单可以直接单击或使用快捷键"Alt+F"。

属性栏位于界面的第二行，用来对选定的工具进行参数设置。

标题栏显示的是文档窗口的标题，在Photoshop 2022中每打开一个图像，便会创建一个文档窗口，可以同时打开多个图像，单击标题名称可以切换窗口。

工具箱位于界面的左侧，工具箱上显示的是常用的工具，若工具图标右下角存在小三角符号，则表示还有其他工具。切换其他工具的方法是，将鼠标指针指向工具图标，按住左键不动或右击，或者使用相应的快捷键，将鼠标指针停留在工具图标上，即可显示该工具的名称和快捷键。

浮动面板位于界面右侧，当面板比较多时，可以通过窗口菜单选择需要的面板，将其打开或关闭。拖动面板侧边或一角，调整面板大小。拖动面板名称可以将其拖放到任意位置。

状态栏位于界面的最下方，可以显示文档的缩放比例、大小。在状态栏单击文档信息区域，可以显示文档的宽度、高度、通道、分辨率。单击">"按钮还可以看到图像中其他选项的信息。

编辑区是放置并处理图像的工作区域。

【小贴士】

本书用到的软件为Photoshop 2022，是目前用得比较多的版本，以下简称Photoshop。

电商图片处理基础

【知识链接2】常用的图像格式

在电商图片处理的过程中，常用的图像格式有BMP格式、TIFF格式、PSD格式、JPEG格式、GIF格式、PNG格式、PDF格式等。

BMP格式由微软公司推出，是一种标准的位图文件格式，支持RGB、索引和灰度模式，但不支持Alpha通道。

TIFF格式是一种标签图像格式，此格式便于在不同的操作系统之间进行图像数据交换。因此，TIFF格式应用非常广泛，可以在许多图像软件和平台之间转换，是一种灵活的位图文件格式。TIFF格式支持RGB、CMYK、Lab、IndexedColor和灰度的颜色模式，并且在RGB、CMYK和灰度颜色模式中还支持使用通道（Channels）、图层（Layers）和路径（Paths）的功能。

PSD格式是使用Photoshop生成的图像格式（是Photoshop的默认格式），可以保留Photoshop中所有的图层、通道、参考线、注释和颜色模式。PSD格式在保存时会将文件压缩以减少占用的磁盘空间，但由于PSD格式包含图像信息较多，因此比其他格式的图像文件大得多。PSD格式的优点是可以保留所有原图像数据信息，方便后期修改。

JPEG格式是一种使用有损压缩方法保存的图像格式，通常用于图像预览和一些超文本文档中。JPEG格式的优点是文件比较小，经过高倍率的压缩，是目前所有格式中压缩率最高的。但JPGE格式在压缩保存的过程中会丢失一些数据，因此保存后的图像没有原图像的质量好。

GIF格式是一种常用的动态图像格式，其使用LZW（无损画质压缩）压缩方式将文件压缩，并且不会太占磁盘空间。这种格式支持灰度和索引模式。GIF格式广泛应用于网页文档中，支持256色（8位）的图像。

PNG格式是一种无损压缩的图像格式，用于网络图像，可以保存1670万色（24位）的真彩色图像，且支持透明背景和消除锯齿边缘的功能，可以在不失真的情况下压缩并保存图像。但PNG格式不支持所有浏览器，保存的文件也较大，影响下载速度。PNG格式文件在RGB和灰度颜色模式下支持Alpha通道，但在索引和位图模式下不支持Alpha通道。

PDF格式是Adobe公司开发的可用于多种操作系统的一种电子文档格式。可以覆盖矢量图像和点阵图像，并且支持超链接，是网络下载中经常使用的格式类型。PDF格式可以存储多种信息，包含图形、字符等，支持RGB、索引、CMYK、灰度、位图和Lab颜色模式。

1. 图像大小

图像大小指的是图像的尺寸、文件大小和分辨率。图像尺寸包括图像的宽度和高度。文件大小即图像所占内存的大小。图像分辨率是指在图像存储的信息中，每英寸图像内有多少个像素点。修改图像尺寸与修改图像分辨率的区别在于，前者是图像的尺寸被改变，图像的文件大小被改变，但图像分辨率不会被改变；后者是图像的尺寸、文件大小及分辨率都会被改变。在实际操作中，调整图像尺寸，可以打开Photoshop，执行"图像"→"图像大小"命令，打开"图像大小"对话框，如图1-2所示，在"宽度"和"高度"文本框中输入相应数值，即可对图像大小进行调整。

图1-2 "图像大小"对话框

案例1-1：调整图像为合适大小

在处理电商图像的过程中，美工人员经常会发现图像大小不合适，需要修改，下面详细介绍调整图像大小的操作步骤。

步骤一：单击"文件"菜单，选择"打开"选项，选中素材并打开。单击"图像"菜单，选择"图像大小"选项，打开"图像大小"对话框，可以看到原图像尺寸较大且分辨率较高，需要修改成合适的宽度与高度，如图1-3所示。

步骤二：将"约束比例"图标取消选中，将"宽度"和"高度"文本框内的数值都修改为"500"，数值单位均选择"像素"，单击"确定"按钮，如图1-4所示，即可调整当前图像大小。

图1-3 原图像尺寸

图1-4 调整后尺寸

步骤三：单击"文件"菜单，选择"存储为"选项，在弹出的"存储为"对话框中单击"格式"下拉列表，选择 "JPEG（*.JPG；*JPEG；*JPE）"选项，单击"保存"按钮，如图1-5所示。在弹出的"JPEG选项"对话框内的"图像选项"区域中，选择图像的品质为"最佳"，单击"确定"按钮，如图1-6所示，即可将调整好大小的图像以JPEG格式的最佳品质保存。

图1-5 保存界面

图1-6 选择图像品质

2. 画布大小

画布是指绘制和编辑图像的工作区域，画布大小可以显示和修改图像编辑区域的尺寸大小和新建画布的尺寸大小，调整画布大小可以在图像四边增加空白区域，或者裁剪多余的图像边缘。调整画布大小的操作步骤如下。

步骤一：单击"文件"菜单，选择"打开"选项，打开素材。单击"图像"菜单，选择"画布大小"选项，打开"画布大小"对话框，如图1-7所示。在"新建大小"区域内的"宽度"和"高度"文本框中输入数值，对画布大小进行调整。

图1-7 "画布大小"对话框

步骤二：在"画布大小"对话框中，"相对"复选框是指新的大小尺寸是选择相对尺寸还是绝对尺寸。"定位"是用来设置当前图像在新画布上的位置。单击"定位"九宫格中的向下箭头，在"画布扩展颜色"下拉列表中选择"白色"选项，单击"确定"按钮，效果如图1-8所示。

图1-8 扩展颜色效果

案例1-2：制作照片边框

在Photoshop中画布的大小不是一成不变的，可以在各种情况下按要求改变。当图片需要进行边框设计时，经常使用的就是调整画布大小，下面以制作照片边框为例介绍具体的操作步骤。

步骤一：打开素材，原图如图1-9所示。

步骤二：单击"图像"菜单，选择"画布大小"选项，在"画布大小"对话框中选中"相对"复选框,在"新建大小"区域设置"宽度"为"50"像素,"高度"为"50"像素,在"画布扩展颜色"下拉列表中选择"白色"选项,单击"确定"按钮,如图1-10所示。

步骤三:最终效果如图1-11所示。

图1-9 原图　　　图1-10 "画布大小"对话框　　　图1-11 相框处理效果

3. 裁剪工具

裁剪工具是更改图像尺寸,或者裁切多余部分,将图像中不需要的地方删掉,裁剪后图像尺寸将变小。使用裁剪工具可以自由控制裁剪的大小和位置,在裁剪的同时还可以对图像进行旋转、变形、改变图像分辨率等。使用裁剪工具的操作步骤如下。

步骤一:单击工具箱中的"裁剪工具",在原本画面上选中想要裁剪的区域。将鼠标指针移至裁剪框边缘或是四角处,可以对裁剪框进行调整,如图1-12所示。

步骤二:若要旋转裁剪框,可以移动鼠标指针到裁剪框的四角处,沿想要旋转的方向拖动即可,如图1-13所示。

图1-12 调整裁剪框　　　图1-13 旋转裁剪框

案例1-3:裁剪图像并置入需要的素材

正确的裁剪技巧可以产生强烈的视觉效果,或者可以引导消费者的情感和情绪。在处理图像的过程中,会经常裁减掉图像多余的部分,并重新定义画布的大小,这也是另一种修改画布大小的方式。下面以制作电商营销主图为例,介绍具体操作步骤。

步骤一：打开素材。

步骤二：单击"裁剪工具"，在属性栏的"比例"文本框中分别输入"800"和"800"，调整裁剪框到合适位置，按回车键完成裁剪，如图1-14和图1-15所示。

图1-14　调整到合适的大小　　　　　　　　图1-15　裁剪完成效果

步骤三：执行"文件"→"置入嵌入对象"命令，弹出"置入嵌入的对象"对话框，如图1-16所示，选择需要的店铺商标，单击"置入"按钮，调整商标到图像左上角合适位置，得到效果如图1-17所示。

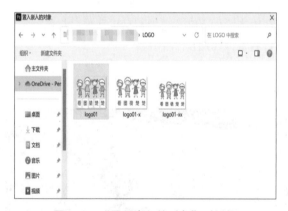

图1-16　"置入嵌入的对象"对话框　　　　　　图1-17　最终完成效果

【小贴士】

　　在制作营销图片之前，需要先了解其用途，若主要是用于店铺上新的产品主图，则没必要保留一些不重要的细节，可以删掉任何可能被窃取视野的细节。密切关注营销图片的边缘区域，这也是比较容易忽略的区域。

4. 透视裁剪工具

透视裁剪工具可以纠正图像由于相机拍摄角度问题造成的畸变，对裁剪范围进行透视变形和扭曲操作。使用透视裁剪工具的操作步骤如下。

步骤一：打开素材，如图1-18所示，通过观察发现拍摄者在拍摄时因为角度问题，左右两边的高楼产生变形，需要通过透视裁剪工具纠正。

步骤二：单击"透视裁剪工具"，选中整个图像，观察到图像呈正方形格子组合，将左下角的线条往左边拉出去，使其和左边的大楼平行，同理操作右边的线条，使其和右边的大楼平行，如图1-19所示，单击"提交当前裁剪操作"按钮，效果如图1-20所示。

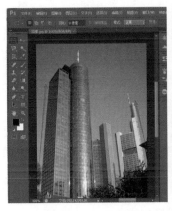

图1-18　打开素材

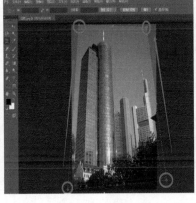

图1-19　调整平行线

图1-20　调整后的效果

步骤三：可以看出拉直的图片中出现空白，单击"多边形套索工具"，将两处空白区域选中并右击，在弹出的菜单中选择"填充"选项，在弹出的"填充"对话框中，选择"内容"下拉列表的"内容识别"选项，如图1-21所示，单击"确定"按钮，得到效果如图1-22所示。

图1-21　空白处内容识别

图1-22　高楼纠正后的效果

任务2　图像变换与变形

🖧 任务情境

小李和美工助理在制作产品主图和详情页图片时，发现有些图片的整体角度是倾斜的，有些图片变形比较严重，这些问题图片影响到整体产品图片的处理。于是，小李找到美工助理，

希望美工助理能够按要求对图片进行调整。

【知识链接1】图层类型

图层有多种不同的类型，常见的有背景图层、文本图层、形状图层、填充图层和调整图层等。背景图层是背景层，相当于绘图时最下层不透明的画纸，一幅图像只能有一个背景层；文本图层是使用文本工具在图像中创建文字后，自动创建的文本图层；形状图层是使用形状工具绘制形状后，自动创建的形状图层；填充图层是可在当前图像文件中新建指定颜色的图层，即可以在当前图层中填充颜色（纯色或渐变色）或图案，并结合图层蒙版，从而产生一种遮盖效果；调整图层可以调整单个图层的亮度、对比度、色相、饱和度等，用于控制图像的色调和色彩。

【知识链接2】图层面板

在图层面板上可以轻松地创建、编辑和管理图层及图层样式。在编辑图层时，先选中想要编辑的图层，之后进行的操作才是针对本图层的，这也是进行图层操作的前提。图层面板如图1-23所示，功能解析如表1-1所示。

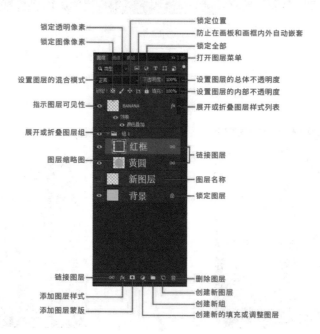

图1-23　图层面板

表1-1　图层面板的功能解析

序号	名称	功能解析
1	锁定透明像素	选中后，在该图层上的操作适用于不透明的部分。值得注意的是，有些像素是半透明的，操作的时候这些半透明的像素也在编辑范围内
2	锁定图像像素	选中之后，则无法修改该图层中的任何像素，包括透明和不透明像素
3	设置图层的混合模式	用来设置当前图层的混合模式，选择不同的混合模式后，当前图层和下面的图层会产生混合效果。图层的混合模式不限于图层，图层组也可以使用混合模式

续表

序号	名称	功能解析
4	指示图层可见性	在有的图层缩略图左侧有一个"小眼睛"图标，说明该图层处于可见状态；如果没有"小眼睛"图标，那么该图层处于不可见状态。单击"小眼睛"图标可以切换可见或不可见状态
5	展开或折叠图层组	单击图层组前的箭头就能展开图层组，再次单击则为折叠图层组；按住"Ctrl"键单击某个图层组前的箭头，所有的图层组就全部展开，再次单击则全部折叠
6	图层缩略图	图层名称的左侧的"小方块图"是该图层的缩略图，如果图层是透明的，那么缩略图会显示浅灰色"棋盘格子"。注意，有的图层部分区域是透明的，浅灰色的"棋盘格子"会根据实际区域及透明度显示为不同状态
7	链接图层	用来链接当前所选中的两个或两个以上的图层。先按住"Shift"键，再选中图层，被链接的图层右侧会显示"小锁链"图标。只要拖动其中任何一个图层，被链接的图层也会跟着一起移动；在进行变换操作时，这些一起的图层将作为一个整体进行
8	添加图层样式	图层样式是应用于单个图层或图层组的一种或多种效果。单击"添加图层样式"按钮、双击缩略图或双击图层名称右侧空白处都可以弹出菜单
9	添加图层蒙版	单击"添加图层蒙版"按钮，可以为当前图层添加一个蒙版。在没有选区的状态下，单击该按钮为图层添加空白蒙版；在有选区的状态下，单击该按钮，则选区内的部分在蒙版中显示为白色，选区以外的区域显示为黑色
10	锁定位置	选中后，无法使用移动该图层或改变该图层的位置
11	防止在画板和画框内外自动嵌套	用来防止在画板和画框内外自动嵌套，是 Photoshop2015 版本之后新增的功能，主要针对画板
12	锁定全部	选中后，锁定全部内容，在这种状态下将不能进行任何操作，此时图层名称右侧会出现"实心小锁"图标
13	打开图层菜单	用来打开图层菜单，单击即可操作，可以在弹出的菜单中进行相应设置
14	设置图层的总体不透明度	用来设置当前选中图层的不透明度，100% 是不透明，0% 是完全透明，根据情况调整 0%～100% 之间的数值，以下简称"不透明度"
15	设置图层的内部不透明度	用来设置当前图层的内部不透明度。两种不透明度的相同点和区别：若图层没有图层样式，两者都可以改变图层的不透明度，但如果图层有图层样式，那么使用"设置图层的内部不透明度"就不会改变图层样式的效果，以下简称"填充"
16	展开或折叠图层样式列表	单击该箭头可以展开图层效果列表，显示当前图层添加的所有效果的名称，再次单击可折叠图层样式列表
17	链接图层	用来将几个图层或图层的蒙版链接在一起，在移动图的对象时，所链接的图层中的对象同时移动，或者将几个图层的对象对齐
18	图层名称	图层缩略图右侧是图层的名称，如果将图片用 Photoshop 打开，该图层名称默认是这张图片的名称。如果想要修改图层名称，双击即可重新命名
19	锁定图层	被锁定的图层不能进行编辑修改，也就是将其编辑功能锁定。通常用于把不需要修改的图层锁定以防错误改动
20	删除图层	选中单个图层或图层组，单击"删除图层"按钮即可删除该图层或图层组。也可以在选中该图层或图层组后直接按"Delete"键删除
21	创建新图层	单击"创建新图层"按钮或用快捷键"Ctrl+Shift+N"即可创建新图层
22	创建新组	单击"创建新组"按钮或用快捷键"Ctrl+G"即可新建一个图层组
23	创建新的填充或调整图层	单击该按钮，在弹出的菜单中选择相应的选项即可创建填充或调整图层

1.自由变换

编辑图层时，常使用的效果是自由变换，通过自由变换可以实现对图层形态的改变。单击"编辑"菜单，选择"自由变换"选项，或者使用快捷键"Ctrl+T"。图层的周围出现定界框，可以拖动定界框的控制点完成图层的自由变换。

（1）缩放（放大、缩小）

打开素材，执行"编辑"→"自由变换"→"缩放"命令，拖动定界框四角处的控制点，可以进行放大或缩小操作，如图1-24所示。

图1-24　放大或缩小图像

【小贴士】

在对图像进行缩放时，可以按住"Shift"键，这样就可以等比例放大或缩小图像。

（2）旋转

打开素材，执行"编辑"→"自由变换"命令，将鼠标指针移至定界框的任意控制点上，当鼠标指针变成可旋转的弧形双箭头后，可以对图像进行旋转，如图1-25所示。

（3）斜切

打开素材，执行"编辑"→"自由变换"命令，在空白处右击，在弹出的菜单中选择"斜切"选项，如图1-26所示，拖动控制点，效果如图1-27所示。

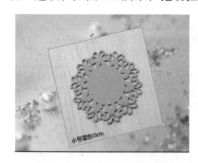
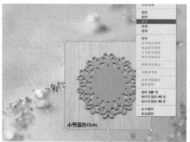
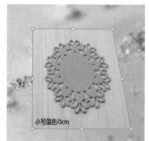

图1-25　对图像进行旋转　　　　图1-26　选择"斜切"选项　　　　图1-27　斜切效果

（4）扭曲

打开素材，执行"编辑"→"自由变换"命令，在空白处右击，在弹出的菜单中选择"扭曲"选项，拖动控制点左右扭曲，效果如图1-28所示，拖动控制点上下扭曲，效果如图1-29所示。

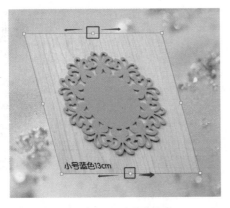

图1-28 左右扭曲效果

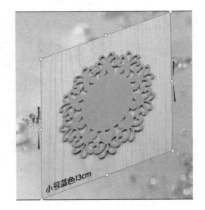

图1-29 上下扭曲效果

（5）透视

打开素材，执行"编辑"→"自由变换"命令，在空白处右击，在弹出的菜单中选择"透视"选项，拖动某一个控制点就可以产生透视效果，如图1-30和图1-31所示。

（6）变形

打开素材，执行"编辑"→"自由变换"命令，在空白处右击，在弹出的菜单中选择"变形"选项，拖动网格线或控制点就能进行变形操作，如图1-32所示。

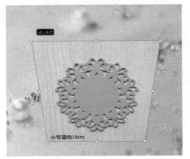

图1-30 透视效果1

图1-31 透视效果2

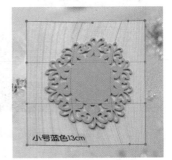

图1-32 变形效果

【小贴士】

在自由变换状态下，在空白处右击，在弹出的菜单中可以看到5个旋转命令，分别是"旋转180度""顺时针旋转90度""逆时针旋转90度""水平翻转""垂直旋转"，也可以用这5个旋转命令来旋转图像。

案例1-4：制作营销图片的放射状背景

下面以使用自由变换制作骏马图片的放射状背景为例，详细展示其操作步骤。

步骤一：打开素材，用快捷键"Ctrl+R"调出标尺，分别向下和向右拖动标尺创建参考线，如图1-33所示。

步骤二：在"图层"面板中单击"创建新图层"按钮。在工具箱中选择"矩形选框工具"，绘制一个矩形选区，如图1-34所示。

13

图1-33　参考线的绘制

图1-34　绘制矩形选区

步骤三：单击工具箱中的"设置前景色"，在弹出的"拾色器（前景色）"对话框中，在左侧颜色区域选择蓝色，如图1-35所示，单击"确定"按钮，使用快捷键"Alt+Delete"填充前景色。

步骤四：选中图层，执行"编辑"→"自由变换"命令，在空白处右击，在弹出的菜单栏中选择"透视"选项。将中心点移到右侧边缘处，矩形右上角控制点向下拖动到中心点位置，单击"提交变换"按钮或按"Enter"键完成透视，如图1-36所示。

图1-35　填充前景色

图1-36　完成透视后的效果

步骤五：在"图层"面板中单击"创建新组"按钮，移动刚刚创建的蓝色三角形所在的图层到新组"组1"下，执行"编辑"→"自由变换"命令，移动中心点到右侧中心，在属性栏中设置旋转角度的数值为"15.00"度，如图1-37所示。

步骤六：选中该图层，使用快捷键"Ctrl+Shift+Alt+T"旋转并复制多个三角形。选中"组1"并右击，在弹出的菜单中选择"合并组"选项，组1变成一个普通图层，如图1-38所示。

图1-37　设置旋转角度

图1-38　变成普通图层后的效果

步骤七：单击图层"组1"，在"设置图层的混合模式"下拉列表中选择"划分"选项；将"不透明度"的数值调整为"40%"，如图1-39所示。

步骤八：调整放射状背景。选中图层，执行"编辑"→"自由变换"命令，按住"Shift"键拖动等比例放大，单击"提交变换"按钮，完成后如图1-40所示。

图1-39　设置模式和不透明度

图1-40　最终放射状效果

2. 内容识别缩放

当需要调整图像的长宽比例，让背景发生变化，而前景对象大小不改变时，如果直接用裁剪工具，会裁剪掉许多需要的元素；若直接拉伸图像会使图像变形，整体看起来不协调。这个时候内容识别缩放就派上用场，其在改变图像的长宽之比时，不但可以保存图像的各种元素，而且图像看起来较为协调。内容识别缩放的详细操作步骤如下。

步骤一：打开素材，原图如图1-41所示，观察到画面上方有较多留白。

步骤二：执行"编辑"→"内容识别缩放"命令，将图像进行纵向的缩放，效果如图1-42所示。

图1-41　原图

图1-42　内容识别缩放后的效果

3. 操控变形

操控变形是图像处理中的一个变形用法，可以对图像进行更丰富的变形操作，将图像或图像中的元素进行变形和重新定位。操控变形的详细操作步骤如下。

步骤一：打开素材，选中图层，执行"编辑"→"操控变形"命令，在小狗尾巴的位置打上6个图钉，如图1-43所示。图钉是用来约束和移动对象的，单击即可打上图钉，其他都是约束点，约束点是约束图像使之固定的点。

步骤二：拖动图钉进行变形操作，完成后效果如图1-44所示。

图1-43　打上图钉　　　　　　　　　　图1-44　操作完成后的效果

4.自动对齐图层

自动对齐图层命令可以根据不同图层中的相似内容（如角和边）自动对齐。可以指定其中一个图层作为参考图层，也可以让Photoshop自动选择参考图层，将其他图层与参考图层对齐。

案例1-5：制作宽幅风景照

下面以制作宽幅风景图为例，详细介绍具体操作步骤。

步骤一：单击"文件"菜单，选择"新建"选项，在弹出的"新建文档"对话框中，在"宽度"和"高度"文本框中输入数值"1000"和"451"，在"分辨率"文本框中输入数值"96"，单击"创建"按钮，如图1-45所示。

步骤二：执行"文件"→"置入嵌入对象"命令，在弹出的"置入嵌入的对象"对话框中选择素材，单击"置入"按钮。移动置入的素材到画面左侧位置，按住"Shift"键，拖动使其等比例放大，单击"提交变换"按钮，如图1-46所示。

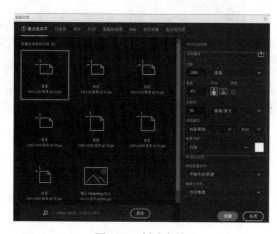

图1-45　新建文档　　　　　　　　　　图1-46　置入素材1

步骤三：执行"文件"→"置入嵌入对象"命令，在弹出的"置入嵌入的对象"对话框中，选择需要的另一个素材，单击"置入"按钮，完成后单击"提交变换"按钮，注意两张素材之间要有重叠的地方。重复上述操作，如图1-47和图1-48所示。

图1-47 置入素材2

图1-48 置入素材3

步骤四：选中置入的所有图层并右击，在弹出的菜单中选择"栅格化图层"选项，如图1-49所示。

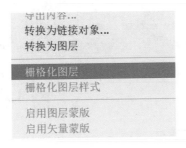

图1-49 栅格化图层

步骤五：选中置入的所有图层，执行"编辑"→"自动对齐图层"命令，弹出"自动对齐图层"对话框，在"投影"区域中选择"自动"选项，如图1-50所示，单击"确定"按钮，最终效果如图1-51所示。

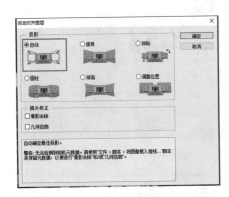

图1-50 "自动对齐图层"对话框

图1-51 最终效果

5.自动混合图层

自动混合图层的作用是用一种混合方法将多个图层上的图像进行视觉上的无缝拼合，使拼合后的图像获得无缝、平滑、柔和的过渡效果。自动混合图层的详细操作步骤如下。

步骤一：打开需要的荷花素材，如图1-52所示。

步骤二：执行"文件"→"置入嵌入对象"命令，在弹出的"置入嵌入的对象"对话框中，选择需要的祥云素材，如图1-53所示，单击"置入"按钮，选中该图层并右击，在弹出的菜单中选择"栅格化图层"选项。

图1-52　荷花素材　　　　　　　　　　　　　　　　图1-53　祥云素材

步骤三：选中两个图层，执行"编辑"→"自动混合图层"命令，在弹出的"自动混合图层"对话框中选择"堆叠图像"选项，如图1-54所示，单击"确定"按钮，最终效果如图1-55所示。

图1-54　"自动混合图层"对话框　　　　　　　　　　图1-55　最终效果

任务3 常用辅助工具

任务情境

美工助理将背景图片调整后，发送给小李。小李打开后，发现照片整体过大，于是与美工助理沟通，想要美工助理将背景图片进行调整。在营销图片后期设计中会经常用到九宫格、三分法、黄金比例构图法等，都需要用一些辅助工具。

【知识链接】高效工作需熟练掌握的13个快捷键

调整电商图片需要熟悉Photoshop的工作界面，以及各个工具组的简单使用。为了更高效地工作，还需要熟练掌握以下常用的13个快捷键，如表1-2所示。

表1-2 常用的13个快捷键

序号	基本操作	快捷方式	序号	基本操作	快捷方式
1	新建或打开文件	Ctrl+P	8	自由变换	Ctrl+T
2	平移	空格键	9	退后一步	Ctrl+Z
3	全图显示	Ctrl+0	10	退后多步	Ctrl+Alt+Z
4	原图显示	Ctrl+1	11	前景色填充	Alt+Delete
5	放大	Ctrl++	12	背景色填充	Ctrl+Delete
6	缩小	Ctrl+-	13	画笔大小调整	[ ]
7	取消选择	Ctrl+D			

1. 标尺工具

标尺工具可用于查看图像的距离，并且可以在属性栏中测量两点间的距离，还可以查看图像坐标的位置、大小、角度等信息。使用标尺工具的详细操作步骤如下。

步骤：单击"视图"菜单，选择"标尺"选项，也可以用快捷键"Ctrl+R"调出标尺，标尺的默认单位是厘米。拖动参考线的同时按住"Shift"键可以锁定到最小的刻度。工具箱中的标尺工具如图1-56所示。

图1-56 标尺工具

2. 参考线

参考线用于将图像精确对齐，或者查找图像及画布的中心点等。在制作电商图片时，设计师经常需要调动不同的参考线用于构图。使用参考线的详细操作步骤如下。

步骤一：单击"视图"菜单，选择"新建参考线"选项，在弹出的"新建参考线"对话框中，选择"水平"或"垂直"选项，如图1-57所示。如果要锁定参考线可以执行"视图"→"锁定参考线"命令，或者使用快捷键"Ctrl+Alt++"。

图1-57 "新建参考线"对话框

步骤二：执行"视图"→"清除参考线"命令，就可以清除参考线，或者把参考线拖到画布以外区域。显示或隐藏参考线可以使用快捷键"Ctrl+；"，拖动参考线时，按下"Alt"键就能在垂直和水平参考线之间切换，如图1-58所示。

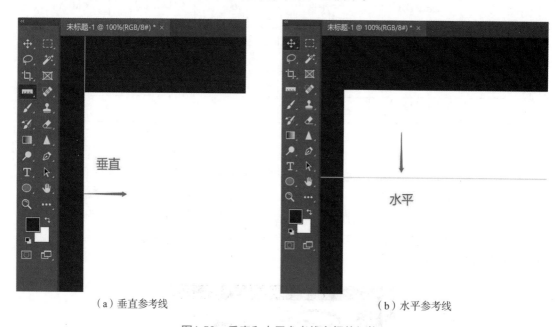

（a）垂直参考线　　　　　　　　　　（b）水平参考线

图1-58 垂直和水平参考线之间的切换

3. 缩放工具

缩放工具可以放大或缩小图像，便于观察。缩放工具在工具箱中显示为"放大镜"图标，默认为放大工具，按住"Alt"键时为缩小工具。双击该图标，可以以100%的比例显示图像，如图1-59所示。

图1-59　缩放工具

4. 抓手工具

抓手工具与缩放工具类似，在实际工作中的使用频率很高。当放大一个图像后，可以使用该工具将图像移动到特定的区域内查看。使用抓手工具的详细操作步骤如下。

步骤一：打开需要的素材，原图如图1-60所示。

步骤二：观察到当前画面比例显示较小时，单击工具箱中的"抓手工具"，在放大的画面中拖动图像，画面便随之变化，可以看到更多画面细节，如图1-61所示。

图1-60　原图

图1-61　放大后的使用效果

素养园地

电商图片处理基础

▶ 同步实训

任务T1-1：利用裁剪工具将"项目1-素材1"中的建筑摆正。

任务T1-2：利用自由变换将"项目1-素材2"中的"合影"和"电视机"拉直。

任务T1-3：利用裁剪工具将"项目1-素材3"中的"毛靴子""陶瓷工具"的尺寸进行裁剪，调整图片尺寸为800px×800px。

扫码下载素材

▶▶ 同步测试

项目2　电商图片的选区编辑与填色

⚙ 重难点

❖ 使用选框工具和套索工具创建选区的方法
❖ 颜色设置、填充与描边的方法
❖ 选区的编辑方法

⚐ 项目导图

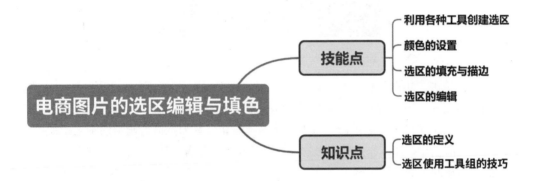

⊙ 项目情境

美工助理顺利完成了第一批上架产品的主图和详情页，将作品交给美工主管审核，美工主管觉得部分产品主图颜色存在色差，需要美工助理按照要求进行调整。

任务1　创建选区

🔲 任务情境

美工助理按照美工主管要求，既不破坏图像整体效果，也要采取快速、便捷的方法。美工助理想到了用选框工具进行调整。

【知识链接】什么是选区

在Photoshop的画布中，被选中的区域称为选区。选区是完成图像合成的重要功能，被选中的区域，周围会围绕一圈蚂蚁线，此线并非实线，因此不会出现其他图层被选中的情况，可以复制范围、涂抹填充范围、调整编辑范围，以及删除范围内像素的内容，与视图无关，与被选中的图层有关。

1. 矩形选框工具

矩形选框工具可以用来辅助画出矩形选区，进行删减图层内容，或者辅助其他工具快速做图，在Photoshop中常用于建立选区、抠图和填充等。使用矩形选框工具的具体操作步骤如下。

步骤一：单击"矩形选框工具"，在画面中绘制一个矩形，如图2-1所示。

图2-1　绘制一个矩形

步骤二：单击"矩形选框工具"，可以在属性栏中观察到有"添加到选区""从选区减去""与选区交叉"等运算按钮。选区的运算是指选区之间的"加""减"或"交叉"。如果之前已经有一个选区，可以单击"添加到选区"按钮，在原选区旁画新的选区，如图2-2所示，则为把当前创建的选区添加到原来的选区中。同理，单击"从选区减去"按钮，可以把当前创建的选区从原来的选区中删去。单击"与选区交叉"按钮，则是绘制选区时只保留新选区与旧选区交叉的部分，如图2-3所示。

图2-2　矩形选区的增加

图2-3　矩形选区的交叉

步骤三：单击"矩形选框工具"，在属性栏中的"羽化"文本框中设置数值为"20像素"，绘制选区，如图2-4所示。单击工具箱中的"设置前景色"，在弹出的"拾色器（前景色）"对话框中，在左侧颜色区域选择蓝色，单击"确定"按钮，单击"图层"面板的"创建新图层"按钮，使用快捷键"Alt+Delete"填充前景色，能更清楚地看到羽化选区填充后的效果，如图2-5所示，羽化的作用是使选区边缘过渡更加自然。

图2-4　绘制"羽化"选区

图2-5　填充后的效果

步骤四：单击"矩形选框工具"，在属性栏的"样式"下拉列表中可以选择矩形选区的创建样式。当选择"正常"选项时，可以创建任意大小的选区；当选择"固定比例"选项时，可以在"高度"和"宽度"文本框中输入数值，如在"宽度"文本框中输入"2"，在"高度"文本框中输入"1"，绘制出来的矩形选区宽度是高度的两倍，如图2-6所示。当选择"固定大小"选项时，输入数值，可绘制出固定大小的矩形选区。

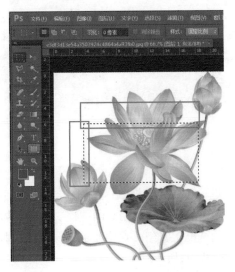

图2-6　宽度是高度的两倍矩形选区

案例2-1：绘制镂空文字

下面以绘制镂空文字为例，详细介绍利用选区运算的操作步骤。

步骤一：单击"视图"菜单，选择"新建参考线"选项，在弹出的对话框中，选择"水平"或"垂直"选项，重复以上操作，建立多条参考线来辅助制作，效果如图2-7所示。

步骤二：单击"矩形选框工具"，在属性栏中单击"添加到选区"按钮，绘制选区，如图2-8所示。

图2-7　添加参考线

图2-8　绘制选区

步骤三：继续绘制"E"形的选区，如图2-9所示。选中图层，按"Delete"键删除"E"形选区中的像素，使用快捷键"Ctrl+D"取消选区，得到效果如图2-10所示。

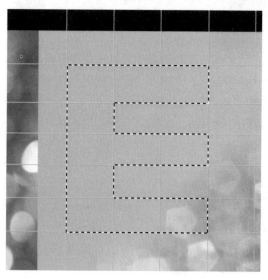

图2-9　"E"形选区的绘制

图2-10　最终效果

2. 椭圆选框工具

椭圆选框工具的原理与矩形选框工具相似，是创建选区常用的另一种方法，可绘制椭圆形选区，"消除锯齿"是其独有的属性。使用椭圆选框工具的具体操作步骤如下。

步骤一：右击工具箱中的选框工具组，在弹出的工具组中选择"椭圆选框工具"，按住"Shift"键绘制正圆选区，如图2-11所示。

步骤二：在属性栏中选中"消除锯齿"复选框，可以保持选区边缘平滑过渡，如图2-12所示。

图2-11　绘制正圆选区

图2-12　选中"消除锯齿"复选框

案例2-2：绘制卡通云朵

下面以绘制卡通云朵为例，详细介绍其操作步骤。

步骤一：单击"椭圆选框工具"，绘制一个椭圆选区，单击"添加到选区"按钮，重叠绘制出云朵形选区，如图2-13所示。

步骤二：在绘制完成的选区内右击，在弹出的菜单栏中选择"填充"选项，弹出"填充"对话框，在"内容"下拉列表中，选择"白色"，单击"确定"按钮，完成卡通云朵的绘制，效果如图2-14所示。

图2-13　绘制云朵形选区

图2-14　卡通云朵效果

案例2-3：制作同心圆

椭圆选框工具不仅可以建立椭圆形选区，也可以根据需要建立正圆选区，下面通过制作同心圆来展示其具体的操作步骤。

步骤一：单击"椭圆选框工具"，按住"Shift"键绘制正圆选区，如图2-15所示。单击工具箱中的"设置前景色"，弹出"拾色器（前景色）"对话框，在左侧颜色区域选择桔色，单击"确定"按钮。单击"创建新图层"按钮，使用快捷键"Alt+Delete"填充前景色，如图2-16所示。

步骤二：多次重复上述操作步骤，绘制多个圆形。绘制完成后发现这些圆形都没有排列整齐，可以选中这些图层，执行"图层"→"对齐"→"水平居中"和"垂直居中"命令进行调整，最终效果如图2-17所示。

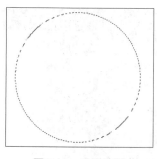

图2-15　正圆选区

图2-16　填充前景色

图2-17　同心圆效果

案例2-4：制作暗角效果

羽化能够令选区内外衔接部分虚化，达到自然衔接的效果，是处理图片的重要方法。当复制选区并将其粘贴到另一个背景中时，羽化的作用尤其突出。下面以制造暗角效果为例，具体介绍羽化的操作步骤。

步骤一：打开需要的素材，原图如图2-18所示。

步骤二：单击"创建新图层"按钮，新建一个图层，单击工具箱中的"设置前景色"，在弹出的"拾色器（前景色）"对话框中，在左侧颜色区域选择黑色，单击"确定"按钮，使用快捷键"Alt+Delete"填充前景色。右击工具箱中的选框工具组，在弹出的工具组中选择"椭圆选框工具"，在属性栏中的"羽化"文本框中设置数值为"100"，绘制选区，如图2-19所示。

图2-18　原图

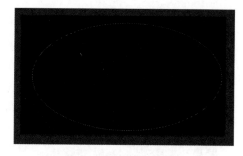

图2-19　绘制椭圆选区

步骤三：单击椭圆选区所在的图层，使用"Delete"键删除选区中的像素，即可完成暗角效果，如图2-20所示。

图2-20　暗角效果

3. 单行或单列选框工具

单行或单列选框工具可以分别在图片中创建水平或垂直方向上的单像素选区，用于编辑细微的图案或做一些特殊效果。使用单行或单列选框工具的具体操作步骤如下。

步骤一：右击工具箱中的选框工具组，选择"单行选框工具"。将鼠标指针移动至图像上并单击，创建单行选区，如图2-21所示。

步骤二：右击工具箱中的选框工具组，选择"单列选框工具"。将鼠标指针移动至图像上并单击，创建单列选区，如图2-22所示。

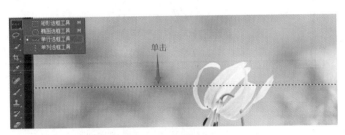

图2-21　创建单行选区

图2-22　创建单列选区

案例2-5：制作图像的怀旧效果

当需要一些分割图像的直线或做一些选区分割时，可以用单行或单列选框工具，来创建水平或垂直方向上的单像素选区。下面以制作图像的年代感效果为例，详细介绍具体操作步骤。

步骤一：单击"单列选框工具"，单击属性栏中的"添加到选区"按钮，在画面中多次绘制，如图2-23所示。

步骤二：单击"创建新图层"按钮，新建一个图层，在选区内右击，在弹出的菜单中选择"填充"选项，弹出"填充"对话框，在"内容"下拉列表中选择"白色"，单击"确定"按钮，效果如图2-24所示。

图2-23　绘制多个单列选区

图2-24　怀旧效果

4. 套索工具

套索工具是Photoshop的常用工具之一，主要用于选取图像中的任意形状或路径。可以快速选择图像中特定的区域，以便进行删除、复制和编辑等操作。使用套索工具的具体操作步骤如下。

步骤一：打开素材，单击工具箱中的"套索工具"，拖动绘制出需要选中的形状，最后需将鼠标指针移动到起点位置，松开鼠标可得到一个闭合选区，如图2-25所示。

步骤二：若在绘制中途松开鼠标，会自动在该点和起点之间建立一条线形成闭合选区，如图2-26所示。

图2-25 绘制选区

图2-26 绘制过程中松开鼠标形成的闭合选区

【小贴士】

套索工具可以选取任何形状不规则的选区，也可以设定消除锯齿和羽化边缘。在使用套索工具时，按住"Delete"键，可使曲线变直；在未松开鼠标之前，按"Esc"键可取消刚才的选定。

5. 多边形套索工具

多边形套索工具是一种精确的不规则选择工具，常用于选取有一定规则的选区。使用多边形套索工具的具体操作步骤如下。

步骤一：右击工具箱中的套索工具组，在弹出的工具组中选择"多边形套索工具"，在画面中单击一个点为起点，移动到第二个位置再次单击，如图2-27所示。

步骤二：重复上述步骤绘制选区，直到回到起点位置，自动闭合成一个选区，如图2-28所示。

图2-27 使用多边形套索工具

图2-28 形成闭合选区

任务2　选取颜色

任务情境

小李在拍摄过程中，由于摄影棚场地打光过度，导致多张产品图片发白，整体拍摄出来的效果不佳，不能直接用于营销图片的制作。小李找到美工助理进行后期调整，美工助理想到了通过将背景调成黑色来进行颜色的反差，凸显产品本来的颜色。

1. 吸管工具

吸管工具用于吸取图像中某种颜色，并将其应用于前景色，一般用于需要相同颜色时，在色板上又难以快速选择该颜色。使用该工具，在需要的颜色上单击即可吸取。在实际运用中，最主要的作用就是识别图像中想要了解的位置的颜色值，并记录到颜色区的前景色中，简化设计人员的操作及记忆，并且准确融合图像或调整图像色彩。使用吸管工具的具体操作步骤如下。

步骤：选择工具箱中的"吸管工具"，单击画面中需要的位置，即可取样相应颜色，并且会放置到前景色上，如图2-29所示。

图2-29　使用吸管工具取色

【小贴士】

　　"吸管工具"可以吸取图像中的颜色作为前景色或背景色，但是只能吸取一种颜色。

2. 拾色器

拾色器是用来选择颜色的工具，能在处理图像时精确地获取需要的颜色值，可以设置前景色、背景色和文本颜色。使用拾色器的具体操作步骤如下。

步骤一：单击工具箱中的"设置前景色"或"设置背景色"，弹出"拾色器（前景色或背景色）"对话框，在对话框中拖动颜色滑块到需要的颜色区域，在色域中选择颜色，单击"确定"按钮。想要精确地找到需要的颜色，可以在"HSB""RGB""CMYK"或"#"文本框内输入具体的颜色数值，如图2-30所示。

图2-30 "拾色器（背景色）"对话框

【小贴士】

在Photoshop中，拾色器的HSB中H表示色调，S表示饱和度，B表示亮度。在RGB中R代表红色，G代表绿色，B代表蓝色。在CMYK中C代表青色，M代表洋红色，Y代表黄色，K代表黑色。

3. 色板面板

色板面板用来管理常见的基本颜色，也可以通过选择其他颜色的方式将选取或设定的颜色添加到色板当中，或将不需要的颜色删除。使用色板面板的具体操作步骤如下。

步骤一：打开界面右侧的"色板"面板，如图2-31所示。单击某一色块即可将其设置为前景色，按住"Ctrl"键单击可将其设置为背景色。

步骤二：在"色板"面板的搜索框中可以直接对所需颜色进行快速搜索，比如输入"黑色"，就会呈现出"灰度"和"黑色"分组里的相应颜色，如图2-32所示。

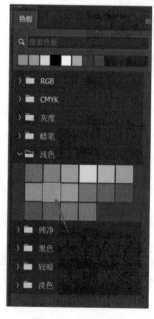

图2-31 设置色板

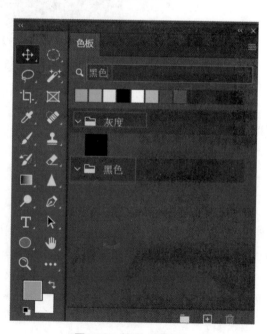

图2-32 搜索"黑色"

4. 颜色面板

颜色面板用于设置背景色和前景色，颜色可通过拖动滑块指定，也可以通过输入相应颜色值指定，以便进行绘图或填充等操作。使用颜色面板的具体操作步骤如下。

步骤：执行"窗口"→"颜色"命令，打开"颜色"面板，默认为"色相立方体"颜色模型，如果要更改"颜色"面板滑块的颜色模型，可单击展开右侧菜单，选择"RGB滑块"选项，颜色模型会从原来的"色相立方体"改为"RGB滑块"，移动滑块可以设置颜色，如图2-33所示。

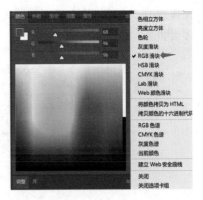

图2-33　修改颜色模型

任务3　选区填充

任务情境

之前拍摄的很多图像都是摄影棚内用布景布当背景拍摄的，店铺需要参加一些活动，小李要求美工助理将图像背景进行调整。

1. 普通颜色填充和内容识别填充

普通颜色填充和内容识别填充可以对图像进行颜色和亮度的调整，能快速填充颜色或所选区域，同时保持图像原始的像素信息不变。普通颜色填充与内容识别填充的具体操作步骤如下。

步骤一：绘制一个选区，执行"编辑"→"填充"命令，在弹出的"填充"对话框中，"内容"下拉列表选择"颜色"选项，在弹出的"拾色器（填充颜色）"对话框中，在左侧颜色区域选择粉色，单击"确定"按钮，完成填充颜色，如图2-34和图2-35所示。

图2-34　"拾色器（填充颜色）"对话框

图2-35　完成填充颜色

步骤二：打开需要的素材，单击工具箱中的"套索工具"，在需要填充的地方绘制一个闭合选区，如图2-36所示，执行"编辑"→"填充"命令，弹出"填充"对话框，在"内容"下拉列表中，选择"内容识别"选项，如图2-37所示，单击"确定"按钮，完成内容识别填充，效果如图2-38所示。

图2-36　绘制闭合选区

图2-37　"填充"对话框

图2-38　内容识别填充效果

【小贴士】

　　将图像进行拼接组合后，在拼接区域填充并进行融合，可以达到接近无缝拼接的效果。在实际处理图像过程中，内容识别填充可以较好地处理丢失的像素。

2. 油漆桶工具填充

　　油漆桶工具是用来填充前景色或图案的工具，属性栏中可以选择填充的内容是前景色还是图案。油漆桶工具填充的具体操作步骤如下。

　　（1）填充前景色

　　步骤：打开需要的捧花素材，在工具箱中右击渐变工具组，在弹出的工具组中单击"油漆桶工具"，在属性栏中选择"前景"选项，在"容差"文本框内输入数值"120"，其余都为默认设置，如图2-39所示。

　　（2）填充图案

　　步骤：打开需要的捧花素材，选择"油漆桶工具"，执行"窗口"→"图案"命令，在"图案"面板的预设列表中单击展开"草"的分组，选择其中一个图案，当鼠标指针变成油漆桶形状，单击空白处即可完成图案填充，效果如图2-40所示。

图2-39　使用油漆桶工具填充前景色

图2-40　最终效果

【小贴士】

　　油漆桶工具是通过容差数值控制填充区域大小的。容差值越大，填充范围越大，反之越小。使用图案填充时，只填充图案中颜色相近的区域。

　　（3）图案的存储与载入

　　油漆桶工具中的图案，有Photoshop自带的，也有自行添加的。设计师可以进行图案删除、追加默认图案与载入图案，以下是具体操作步骤。

　　步骤一：单击"油漆桶工具"，在属性栏左侧下拉列表选择"图案"选项，可以选中不需要的图案并右击，在弹出的菜单中选择"删除图案"，就能把不需要的图案删除，如图2-41所示。

　　步骤二：单击"图案"面板右侧的"设置"按钮，在弹出的菜单中选择"追加默认图案"选项，如图2-42所示，在弹出的提示窗口中单击"确定"按钮，即可追加默认图案。

　　步骤三：若要载入图案，单击"图案"面板右侧的"设置"按钮，选择"导入图案"选项，在弹出的"载入"对话框中选择相应的图案，单击"载入"按钮，如图2-43所示。

图2-41　删除图案　　　图2-42　追加默认图案　　　图2-43　载入图案

3. 定义图案填充

定义图案可用于制作自定义图案，通过截取、编辑素材即可获取所需图案。定义图案填充的具体操作步骤如下。

步骤一：打开需要的图案素材，单击"矩形选框工具"，绘制一个矩形选区。执行"编辑"→"定义图案"命令，弹出"图案名称"对话框，在"名称"文本框内设置一个合适的名字，单击"确定"按钮，如图2-44所示。

步骤二：单击"油漆桶工具"，在属性栏中左侧下拉列表选择"图案"选项，选择刚才定义的图案，如图2-45所示。

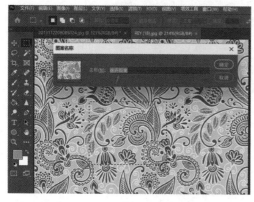

图2-44　"图案名称"对话框　　　　　　图2-45　填充定义图案

案例2-6：制作微质感纹理图案

下面以制作图片微质感纹理的效果为例，介绍具体操作步骤。

步骤一：执行"文件"→"新建"命令，在弹出的"新建文档"对话框中，"宽度"和"高度"文本框都输入数值"5"，"分辨率"文本框输入数值"72"，在"背景内容"下拉列表选择透明，单击"创建"按钮，如图2-46所示。

步骤二：放大画面，单击"设置前景色"，在弹出的"拾色器（前景色）"对话框中，在左侧颜色区域选择黑色，单击"确定"按钮。单击"铅笔工具"，在属性栏设置笔尖大小为

"1"像素，在画布对角线画一条直线，如图2-47所示。

步骤三：执行"编辑"→"定义图案"命令，在弹出的"图案名称"对话框中，在"名称"文本框内填入名称"微质感"，单击"确定"按钮，如图2-48所示。

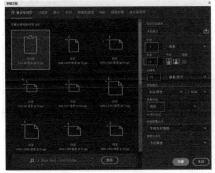
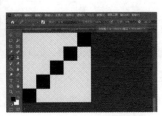
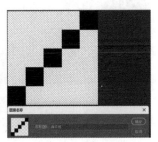

图2-46　新建图像　　　　图2-47　利用铅笔工具画直线　　　图2-48　命名图案

步骤四：执行"文件"→"新建"命令，在弹出的"新建文档"对话框中，"宽度"和"高度"文本框输入数值"50"和"50"，在"背景内容"下拉列表中选择"白色"选项，单击"确定"按钮，完成空白图像的新建。执行"编辑"→"填充"命令，在弹出的"填充"对话框中的"内容"下拉列表中选择"图案"选项，"自定图案"下拉列表中选择刚刚自定义的图案"微质感"，单击"确定"按钮，如图2-49所示，最终效果如图2-50所示。

图2-49　定义绘制的图案　　　　　　　图2-50　填充自定义图案

4.渐变工具填充

在使用渐变工具填充颜色时，可以实现从一种颜色到另一种颜色的自然变化，或者颜色由浅到深、由深到浅的变化，使图像更生动、丰富，更有层次感与立体感，下面详细介绍操作步骤。

（1）渐变工具的使用

步骤一：单击工具箱中的"渐变工具"，在属性栏中单击展开渐变颜色条，可以看到有一些预设的渐变色，可以选择其中一个，在选区或图层上拖动，如图2-51所示。填充完成如图2-52所示。

图2-51　渐变工具的使用

图2-52　填充渐变色

步骤二：选择好渐变色后，需要设置渐变类型。属性栏中有5种渐变类型，具体如图2-53所示。

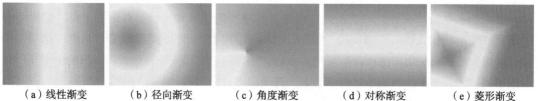

（a）线性渐变　　　（b）径向渐变　　　（c）角度渐变　　　（d）对称渐变　　　（e）菱形渐变

图2-53　5种渐变类型效果

步骤三：属性栏中的"模式"是用来设置应用渐变时的混合模式，图2-54是设置为"正片叠底"的效果。

（2）编辑合适的渐变颜色

步骤一：单击"渐变工具"，单击属性栏中的渐变颜色条，在弹出的"渐变编辑器"对话框中可以设置不同的颜色，如图2-55所示。

图2-54　正片叠底效果

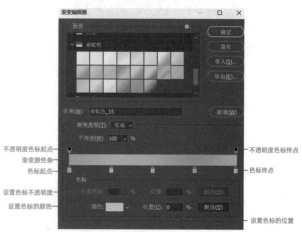

图2-55　"渐变编辑器"对话框

步骤二：如果没有合适的渐变效果，可以在渐变颜色条中自定义颜色。双击渐变颜色条底部的色标，在弹出的"拾色器（色标颜色）"对话框中设置颜色，如图2-56所示。如果色标不够，单击颜色条下方即可添加色标，如图2-57所示。

图2-56　自定义颜色

图2-57　添加色标

步骤三：按住色标左右移动，可以调整两种颜色的过渡效果。

任务4　选区编辑

任务情境

美工助理将处理后的样品图片上交给了主管，主管反馈希望样品图片边缘比较生硬的部分变得柔和，于是美工助理开始进行样品图片的修改。

1. 变换选区

变换选区是管理选区的常用操作之一，可以直接对选区的大小、形状、位置和角度等进行调整，且不破坏选区内的图像。变换选区的具体操作步骤如下。

步骤一：打开需要的露珠素材，单击"多边形套索工具"，将露珠形态绘制成选区。执行"选择"→"变换选区"命令，调出定界框。拖动控制点进行变形，如图2-58所示。

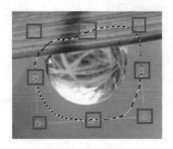

图2-58　拖动控制点进行变形

步骤二：在变换选区的状态下右击，可以在弹出的菜单中选择不同的变换方式进行变形，如图2-59所示。

图2-59　不同的变换方式

案例2-7：制作圆盘投影

在电商图片处理过程中，若位置和选区大小不合适，需要对选区进行移动、修改、变形、旋转、翻转和自由变换等操作，或者使用快捷键调整、变换选区。下面以制作圆盘投影为例，详细介绍操作步骤。

步骤一：打开需要的圆盘素材，按住"Ctrl"键单击该图层，调用出圆盘的选区，在图层下方新建一个图层，添加投影的选区，如图2-60所示。

步骤二：执行"选择"→"变换选区"命令，调出定界框，拖动控制点对选区进行变形，完成后按回车键确认。执行"编辑"→"填充"命令，在弹出的"填充"对话框中的"内容"下拉列表中，选择"颜色"选项，弹出的"拾色器（填充颜色）"对话框，在左侧颜色区域选择想要填充的灰色，单击"确定"按钮。在右侧"图层"面板中，调整"不透明度"的数值，使用快捷键"Ctrl+D"取消选区，投影效果如图2-61所示。

图2-60　添加投影的选区

图2-61　投影效果

2. 调整边缘

调整边缘是对选区进行边缘检测，调整选区的平滑度、羽化、对比度及边缘位置。由于调整边缘可以智能地细化选区，常用于人物的头发、动物或细密的植物的抠图。调整边缘的具体操作步骤如下。

步骤一：打开需要的小狗素材，单击"快速选择工具"，创建选区，如图2-62所示。

步骤二：执行"选择"→"选择并遮住"命令，在"属性"面板中的"视图"区域内，单击"视图"下拉列表，有七种视图模式，选择"白底"选项，如图2-63所示。

步骤三：在"属性"面板中的"边缘检测"区域内，选中"智能半径"复选框，可以精准抠出小狗细密的毛发，在"半径"文本框中输入数值"55像素"，柔化边缘半径，如图2-64所示。

图2-62　创建选区

图2-63　设置为白底

图2-64　设置边缘检测

步骤四："属性"面板的"全局调整"区域，主要用来对选区进行平滑、羽化、对比度、移动边缘等处理。在相应文本框中输入数值，如图2-65所示。最终效果如图2-66所示。

图2-65　调整边缘

图2-66　最终效果

3. 边界选区

边界的作用是沿着选区的界线，选择一定像素，形成一个环带轮廓。边界选区可以在原有选区轮廓上设置任意的边界选区宽度，从原有选区向外扩展或是向内收缩。边界选区的具体操作步骤如下。

步骤一：执行"文件"→"新建"命令，在弹出的"新建文档"对话框中，"宽度"和"高度"文本框都输入数值"100"，"分辨率"文本框输入数值"72"，将背景色设置为绿色，单击"确定"按钮。单击"自定形状工具"，属性栏左侧下拉列表选择"路径"选项，在属性栏右侧"形状"下拉列表中找到箭头形状，拖动绘制路径，使用快捷键"Ctrl+Enter"将路径变换为选区，如图2-67所示。

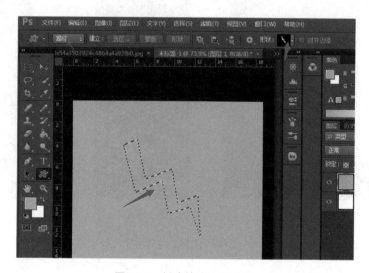

图2-67 创建箭头形状选区

步骤二：执行"选择"→"修改"→"边界"命令，在"边界选区"对话框中，在"宽度"文本框中输入"10"像素，如图2-68所示，单击"确定"按钮，效果如图2-69所示。

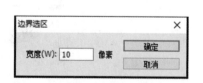

图2-68 边界选区

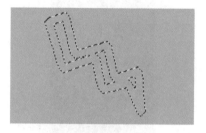

图2-69 调整边界效果

4. 平滑选区

平滑选区可以使选区的边缘平滑得更加自然，达到更好的图像处理效果。在进行图像合成、色彩调整等操作时，平滑选区可以避免出现锯齿状的边缘或过渡不自然的区域，提高图像的质量。平滑选区的具体操作步骤如下。

步骤一：重复边界选区的步骤一，创建箭头形状选区。

步骤二：执行"选择"→"修改"→"平滑"命令，弹出"平滑选区"对话框中，设置"取样半径"为"5"像素，单击"确定"按钮，效果如图2-70所示。

5. 扩展选区

扩展选区是在原来选中部分的基础上向外扩展，可以更加精确地选择需要编辑的部分。扩展选区的具体操作步骤如下。

步骤：在图2-70的基础上，执行"选择"→"修改"→"扩展"命令，弹出"扩展选区"对话框，设置"扩展量"文本框数值为"5"像素，单击"确定"按钮，效果如图2-71所示。

6. 收缩选区

收缩选区是将当前选区向内缩小一定的像素。收缩选区可以用于精细调整选区的大小和形状，从而更好地完成图片处理。收缩选区的具体操作步骤如下。

步骤：在图2-67的基础上，执行"选择"→"修改"→"收缩"命令，弹出"收缩选区"对话框，设置"收缩量"文本框数值为"5"像素，单击"确定"按钮，效果如图2-72所示。

案例2-8：去除选区边缘的其他像素

当发现选区过大，并没有与所需图案嵌合时，可以使用收缩选区来调整选区的大小和形状以达到所需效果。本例利用收缩选区去除选区边缘的其他像素，详细操作步骤如下。

步骤一：打开需要的篮球素材，观察到篮球边缘留有其他颜色的像素，按住"Ctrl"键的同时单击选中图层，调整篮球的选区，如图2-73所示。

步骤二：执行"选择"→"修改"→"收缩"命令，在弹出的"收缩选区"对话框中设置"收缩量"文本框数值为"2"像素，单击"确定"按钮，如图2-74所示。

图2-70　平滑选区效果

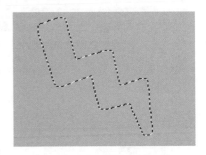

图2-71　扩展箭头形状选区

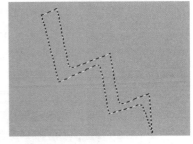

图2-72　收缩选区效果

图2-73　调整篮球的选区

图2-74　收缩选区的设置

步骤三：使用快捷键"Ctrl+Shift+I"反选选区，按"Delete"键删除选区中的像素，使用快捷键"Ctrl+D"取消选区，得到效果如图2-75所示。

图2-75　收缩选区后的效果

7. 羽化选区

羽化选区可以使填充的颜色不再局限于选区的虚线框内，而是扩展到了选区之外并呈现逐渐淡化的效果。羽化选区能虚化选区的边缘，这样在制作合成效果时会得到较柔和的过渡。羽化半径越大，选区边缘越柔和。羽化选区的具体操作步骤如下。

步骤一：打开需要的荷花素材，单击"矩形选框工具"，在图片中间绘制一个矩形选区，如图2-76所示。

图2-76　绘制矩形选区

步骤二：执行"选择"→"修改"→"羽化"命令，在弹出的"羽化选区"对话框中设置"羽化半径"文本框数值为"20"像素，单击"确定"按钮，如图2-77所示，效果如图2-78所示。

图2-77　设置羽化半径　　　　　　　　图2-78　羽化效果

8. 扩大选区

在图像处理过程中，有时需要对某一区域进行特定的操作，通过扩大选区，可以更好地选择需要操作的区域，根据实际需要进行不同程度的扩大，以达到更好的效果。扩大选区的具体操作步骤如下。

步骤：在上图2-78的基础上，单击工具箱中的"魔棒工具"，在属性栏中的"容差"文本框中输入数值"15"，数值越大，所选取的范围越大。执行"选择"→"扩大选取"命令，效果如图2-79所示。

图2-79　扩大选区后的效果

9. 选取相似

选取相似是在图像中寻找与所选择范围近似的颜色部分最终形成选区，范围的大小也受容差的限制。选取相似的具体操作步骤如下。

步骤一：在图2-79的基础上，执行"选择"→"选取相似"命令，Photoshop会自动查找与选区内的荷花颜色相似的区域，效果如图2-80所示。

图2-80　选取颜色相似的选区

素养园地

同步实训

任务T2-1：利用矩形选框工具和椭圆工具调整"项目2-素材1"中的"挂钟""盘子""瓷器"的选区。

任务T2-2：利用磁性套索工具将"项目2-素材2"中的"蓝色卡通杯"提取出来。

任务T2-3：利用羽化选区对"项目2-素材3"中的"可爱小女孩"进行羽化操作。

扫码下载素材

同步测试

第二部分
营销图片设计技巧

项目3　电商营销图片的修饰

重难点

❖ 画笔设置的含义及作用
❖ 图片修复工具的使用
❖ 图片修饰工具的使用

项目导图

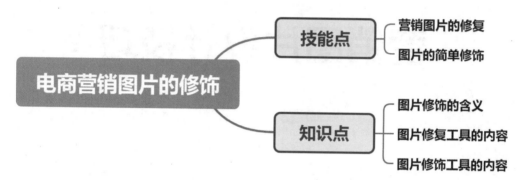

项目情境

经过一个多月的努力工作和团队配合，小李已经完成了第一批样品的上新工作。在进行市场调研工作后，公司准备报名淘宝的官方活动，以期增加店铺新品的曝光率，提高店铺的访客数，提升产品的成交率，争取早日盈利。小李要求美工助理了解直通车、钻展、聚划算、天天特卖等官方活动的图片要求，美工助理和运营主管沟通后，选出2～3款主推产品进行营销创意设计。

任务1　营销图片修复

任务情境

运营部门对主推产品进行营销创意设计后，将产品图交给运营主管，运营主管仔细审核后，发现一些细节需要处理，主图上出现了轻微的斑点、褶皱、水印、文字等问题，于是运营部向美工助理寻求帮助，希望可以帮他们将产品图修复。

1. 仿制图章工具

仿制图章工具可以将图像的一部分复制到同一图像的另一部分，或者绘制到具有相同颜色模式的任何打开文档的另一部分，也可以将一个图层的一部分复制到另一个图层。仿制图章工具对于复制对象或弥补图像中的缺陷非常有帮助。仿制图章工具的属性栏如图3-1所示。

（仿制图章工具属性栏图）

图3-1　仿制图章工具的属性栏

案例3-1：去除电商图片中不需要的文字

仿制图章工具可以用来消除电商图片上人物脸部斑点、去除和主产品不相干的杂物、填补图片空缺等。本例利用仿制图章工具去除电商图片中不需要的文字，详细操作步骤如下。

步骤一：打开需要的素材，原图如图3-2所示。

步骤二：单击"仿制图章工具"，在属性栏中单击展开"画笔预设"选取器，在"大小"文本框中输入合适的数值，调整笔头大小，在"设置图层的混合模式"下拉列表中选择"正常"选项，在"不透明度"文本框中输入"100%"，在"流量"文本框中输入"100%"，选中"对齐"复选框。

步骤三：将鼠标指针移至打开的图像中，按住"Alt"键，在图像中单击设置取样点。

步骤四：在需要被移除的部分涂抹，可以去除图片上的文字，如图3-3所示。

图3-2　原图

图3-3　去除文字效果

【小贴士】

使用仿制图章工具时，可以设置不同大小的取样点。将一幅图像中的内容复制到其他图像时，这两幅图像的颜色模式必须是相同的。需要注意的是，使用仿制图章工具修复的图像无法与底色融合。

案例3-2：制作堆叠效果

仿制图章工具还可以用来复制图像，详细操作步骤如下。

步骤一：打开水杯原图，如图3-4所示。

步骤二：单击"仿制图章工具"，在属性栏中单击展开"画笔预设"选取器，在"大小"文本框中输入合适的数值，调整笔头大小，在"设置图层的混合模式"下拉列表中选择"正常"选项，在"不透明度"文本框中输入"100%"，在"流量"文本框中输入"100%"，选中"对齐"复选框。

步骤三：将鼠标指针移至打开的图像中，按住"Alt"键，在图中单击水杯选中取样点。

步骤四：取样后，在图像其他部分涂抹，即可复制图中的水杯，最终效果如图3-5所示。

图3-4　水杯原图

图3-5　复制后的效果

2. 图案图章工具

图案图章工具可以利用图案库中的图案或自定义图案进行绘制。使用该工具的操作步骤如下。

步骤：打开需要调整的图像，单击"图案图章工具"，在属性栏中选择一个图案（若需要的图案不存在，应先定义图案），在图像拖动中复制图案。

图案图章工具的属性栏如图3-6所示，其中多数属性与仿制图章工具相似。

图3-6　图案图章工具的属性栏

3. 污点修复画笔工具

污点修复画笔工具可以快速移去照片中的污点和其他不理想部分。污点修复画笔工具的使用方式与仿制图章工具类似，使用图像中的样本像素进行绘画，并将样本像素的纹理、光照、透明度和阴影与所修复的像素相匹配。与仿制图章工具不同的是，污点修复画笔工具不要求指定取样点，自动从所修饰区域的周围取样。

污点修复画笔工具的属性栏如图3-7所示，属性栏的功能解析，如表3-1所示。

图3-7　污点修复画笔工具的属性栏

表3-1 污点修复画笔工具属性栏的功能解析

序号	名称	功能解析
1	模式	用来设置修复图像时使用的混合模式。除"正常""正片叠底"等常用模式外,还有"替换"模式,这个模式可以保留画笔描边边缘处的杂色、胶片颗粒和纹理
2	类型	用来设置修复的方法。选择"通过内容识别填充修复"时,可以使用选区周围的像素进行修复;选择"通过纹理修复"时,可以使用选区中的所有像素创建用作修复的区域;选择"通过近似匹配修复"时,可以使用选区边缘的像素来创建要用作修复的区域
3	对所有图层取样	选中此选项,可从所有可见图层中对图像进行取样。如果取消此选项,则只从当前图层中取样

案例3-3:去除营销图中的黑色斑点

污点修复画笔工具可以去除图像中较小的杂色或污点,在人像美化中可用于去斑、去痘等。污点修复画笔工具可以自动根据所选择的修复区域的周围颜色进行修复操作。本例利用污点修复画笔工具去除图像上的黑色斑点,详细操作步骤如下。

步骤一:打开素材,原图如图3-8所示,单击"污点修复画笔工具"。

步骤二:在属性栏中,单击展开"画笔预设"选取器,在"大小"文本框中输入适当的数值,建议将画笔直径设置的比要修复的区域稍大一点。

步骤三:单击"效果模式"下拉列表,选择"正常"选项,在"类型"中选择"创建纹理"选项。

步骤四:单击要修复的区域,或者单击并拖动以修复较大区域中的不理想部分。修复后的效果如图3-9所示。

图3-8 原图   图3-9 修复后的效果

案例3-4:去除电商图片上的店标

污点修复画笔工具可以去除图片中不需要的部分。例如当产品需要参加平台的促销活动时,要求主图无水印和任何文本信息,本例利用污点修复工具去除电商图片上的店标,详细操作步骤如下。

步骤一:打开需要处理的水杯主图,如图3-10所示,单击"污点修复画笔工具"。

步骤二:在属性栏中,单击展开"画笔预设"选取器,在"大小"文本框中输入适当的数值,滑动画笔覆盖需要去除的部分,效果如图3-11所示。

图3-10　需要处理的水杯主图

图3-11　去除店标后的效果

4. 修复画笔工具

　　修复画笔工具可用于校正图像中的瑕疵，利用图像中的样本像素来绘画，并将样本像素的纹理、光照、透明度和阴影与所修复的像素进行匹配，从而使修复后的像素不留痕迹地融入图像。

　　修复画笔工具的属性栏如图3-12所示，其功能解析如表3-2所示。

图3-12　修复画笔工具属性栏

表3-2　修复画笔工具属性栏的功能解析

序号	名称	功能解析
1	模式	用于设置色彩模式
2	源	用于设置修复画笔工具修复图像的来源。"取样"可以使用当前图像的像素作为来源，"图案"可以使用某个图案作为来源
3	对齐	选中后，在复制图像时，即使松开鼠标，也不会丢失当前取样点，保持了复制图像的连续性；如果取消选中，则会使用初始取样点中的样本像素
4	样本	用于设置从哪些图层中进行数据取样。选择"当前图层"选项，表示要仅从当前图层中取样；选择"当前和下方图层"选项，表示要从图层及其下方的可见图层中取样；选择"所有图层"选项，表示要从所有可见图层中取样。选择"所有图层"选项，单击右侧的"打开以在修复时忽略调整图层"按钮，表示要从调整图层以外的所有可见图层中取样

　　案例3-5：修去电商图片中的内容

　　本例利用修复画笔工具修去电商图片中的内容，详细操作步骤如下。

　　步骤一：打开需要处理的水杯主图，如图3-13所示。单击"修复画笔工具"，在属性栏中，选择"模式"下拉列表中的"正常"选项，"源"选择"取样"，并选中"对齐"复选框。

　　步骤二：将鼠标指针移至图像，按住"Alt"键，在图像中单击选择取样点。

　　步骤三：将鼠标指针光标移至图像中的需要去除的部分，来回拖动即可完成修复。每次松开鼠标时，取样的像素都会与现有像素混合，修复后的效果如图3-14所示。

图3-13　水杯主图

图3-14　修复后效果

案例3-6：修去电商图片中人物面部的细发

修复画笔工具可以使修复后的像素更好地融入图像中。本例利用修复画笔工具修去电商图片中人物面部的细发，详细操作步骤如下。

步骤一：打开素材，原图如图3-15所示。

步骤二：单击"修复画笔工具"，在属性栏中单击展开"画笔预设"选取器，在"大小"文本框中输入"70"，在"模式"下拉列表中选择"正常"选项，"源"选择"取样"。

步骤三：按住"Alt"键的同时在面部光亮区域单击进行取样。

步骤四：在细发所在的像素点拖动鼠标，重复多次，直至细发去除，效果如图3-16所示。

图3-15　原图

图3-16　去除细发效果

5. 修补工具

修补工具可以用其他区域或图案中的像素来修复选中的区域。像修复画笔工具一样，修补工具会将样本像素的纹理、光照和阴影与源像素进行匹配。

修补工具属性栏如图3-17所示，其功能解析如表3-3所示。

图3-17　修补工具属性栏

表3-3　修补工具属性栏的功能解析

序号	名称	功能解析
1	选区	单击"新选区"按钮，可以绘制一个新选区；单击"添加到选区"按钮，可以将新绘制的选区添加到现有选区中；单击"从选区减去"按钮，可以从现有选区中减去新绘制的选区；单击"与选区交叉"按钮，只保留新绘制的选区与现有选区交叉的部分
2	源和目标	选择"源"选项，将选区拖动到新选定的区域，松开鼠标时，将利用新选定的区域对原选区中的像素进行修补； 选择"目标"选项，将选区拖动到新选定的区域，松开鼠标时，将利用原选区中的像素修补新选定的区域
3	透明	选中此选项，可以从取样区域中抽出具有透明背景的纹理；取消此选项，可以将目标区域全部替换为取样区域
4	使用图案	当使用修补工具在图像中建立选区后，可以激活"使用图案"按钮。从右侧下拉列表中选择一个图案，并单击"使用图案"按钮即可填充

案例3-7：去除电商图片中多余的部分

本例利用修补工具去除电商图片中多余的部分，具体操作步骤如下。

步骤一：打开一张如图3-18所示的图片。

步骤二：利用快捷键"Ctrl+0"将图像放大，在工具箱中单击"抓手工具"，拖动左侧水瓶的区域，让其显示在主要视图中。

步骤三：在工具箱中单击"修补工具"，绘制如图3-19所示的选区（也可以在使用"修补工具"之前，先利用"选框工具"建立选区）。

图3-18　原图

图3-19　使用修补工具框绘制选区

步骤四：在属性栏中单击"源"按钮，将鼠标指针移至选区内，向上拖动。此时，可以利用上面选区的图像替换原选区的图像，如图3-20所示。

步骤五：使用快捷键"Ctrl+D"取消选区，修补后的最终效果如图3-21所示。

图3-20 拖动选区到其他区域

图3-21 最终效果

6. 红眼工具

红眼工具可修去拍摄时人像或动物照片中的红眼，也可以修去照片中的白色或绿色反光。红眼工具的属性栏如图3-22所示。

图3-22 红眼工具的属性栏

【小贴士】红眼工具属性栏解析

在红眼工具属性栏中，可以用"瞳孔大小"设置瞳孔的大小，即去掉红眼后，眼睛黑色部分的大小；可以用"变暗量"设置去掉红眼后图像的变暗量。

案例3-8：恢复瞳色

本例利用红眼工具去除图片中的红眼，恢复瞳色，具体操作步骤如下。

步骤一：打开素材，原图如图3-23所示，在工具箱中单击"红眼工具"。

步骤二：在属性栏中设置合适参数。

步骤三：单击图像中红眼部位，去除红眼后的效果如图3-24所示。

图3-23 原图

图3-24 去除红眼后的效果

任务2 营销图片修饰

任务情境

运营主管拿到修改后的主推产品图，觉得产品图自身饱和度不够强，要求美工助理将产品的饱和度进行修改，呈现高饱和度。同时，运营主管要求美工助理对高亮的区域进行加深，呈现出光亮的产品照片。

1. 模糊工具和锐化工具

模糊工具可柔化硬边缘或减少图像中的细节，使用此工具在某个区域上涂抹的次数越多，该区域就越模糊。锐化工具用于增加边缘的对比度，增强外观上的锐化程度，使用此工具在某个区域上涂抹的次数越多，锐化效果就越明显。

模糊工具属性栏如图3-25所示，锐化工具属性栏如图3-26所示。

图3-25 模糊工具的属性栏

图3-26 锐化工具的属性栏

在模糊工具和锐化工具属性栏中，"强度"用于设置涂抹的强度，该值越大，涂抹的强度越大，涂抹的效果越明显。锐化工具属性栏的"保护细节"可以增强细节并使图像因像素化而产生的不自然程度最小化。如果要产生更夸张的锐化效果，需取消选中。

案例3-9：调整图片清晰度

本例利用模糊工具和锐化工具调整水杯图像的清晰度，具体操作步骤如下。

步骤一：打开需要调整的水杯素材，原图如图3-27所示。在工具箱中单击"模糊工具"或"锐化工具"，注意调整笔头的大小，一般比需要处理的部分大一些，不会失真。

步骤二：在图像上拖动进行涂抹，模糊和锐化后的效果如图3-28和图3-29所示。

2. 涂抹工具

涂抹工具可模拟将手指在图像中拖过油漆时所看到的效果，该工具可拾取描边开始位置的颜色，并沿拖动的方向展开这种颜色。涂抹工具的属性栏如图3-30所示。

图3-27 原图

图3-28 模糊效果　　　　　　　图3-29 锐化效果

图3-30 涂抹工具的属性栏

3. 减淡工具和加深工具

减淡工具和加深工具基于调节照片特定区域的曝光度的传统摄影技术，可使图像部分区域变亮或变暗。选中工具后在图像上拖动进行涂抹，即可进行减淡或加深处理，在某个区域上涂抹的次数越多，该区域就会变得越亮或越暗。使用这两种工具的具体操作步骤如下。

步骤：打开需要调整的素材，原图如图3-31所示。在工具箱中单击"减淡工具"或"加深工具"，调整笔头的大小，一般需大于要处理的产品大小。涂抹后效果如图3-32和图3-33所示。

图3-31 原图　　　　　　图3-32 杯子减淡效果　　　　　　图3-33 杯子加深效果

减淡工具和加深工具的属性栏类似，如图3-34所示为加深工具的属性栏。"范围"是在此下拉列表中设置要修改的色调范围：选择"阴影"选项，更改图像中暗部区域的像素；选择"中间调"选项，更改图像的中间调区域的像素；选择"高光"选项，更改图像中亮部区域的像素。"曝光度"用于为工具指定曝光度，该值越高，工具作用的效果越明显；"保护色调"是对图像阴影和高光部分进行最小化的修剪，以防止颜色发生色相偏移。

图3-34　加深工具的属性栏

4. 海绵工具

海绵工具可以精确地改变图像局部的色彩饱和度，不会使像素重新分布，其中"加色"和"去色"模式可以作为互补来使用。海绵工具的属性栏如图3-35所示。

图3-35　海绵工具的属性栏

在海绵工具的属性栏中，"模式"下拉列表可以设置修改颜色的方式，选择"加色"选项，可以增加图像颜色的饱和度；选择"去色"选项，可以减弱图像颜色的饱和度。"自然饱和度"可以对完全饱和的颜色或不饱和的颜色进行最小化修剪。

案例3-10：更改电商主图水杯的明暗度

本例利用海绵工具更改电商主图水杯的明暗度，具体操作步骤如下。

步骤一：打开需要调整的图像，如图3-36所示。在工具箱中单击"海绵工具"，在属性栏中依次选择"加色"和"去色"。

步骤二：在要修改的图像部分拖动鼠标指针，增加和降低饱和度效果分别如图3-37和图3-38所示。

图3-36　电商主图水杯

图3-37　降低饱和度效果

图3-38　增加饱和度效果

▶ 同步实训

任务T3-1：利用仿制图章工具将"项目3-素材1"中的少女脸上的斑点去除。

任务T3-2：利用修复画笔工具去掉"项目3-素材2"中模特脸部因打光留下的阴影。

任务T3-3：利用修补工具去掉"项目3-素材3"背景中多余的人物和图片墙上的痕迹。

扫码下载素材

▶ 同步测试

项目4　电商营销图片的调色

重难点

❖ 不同颜色模式的区分
❖ 调整图像明暗和对比度
❖ 图像色彩倾向的调整

项目导图

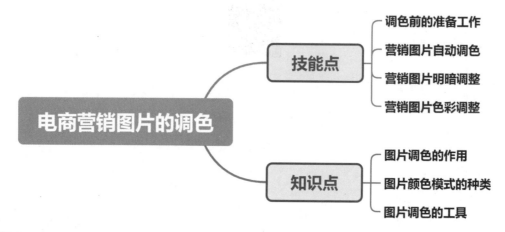

项目情境

对于原始素材，图像主要以中性的标准原色为基础，在初期拍摄中主要调整画面曝光度、白平衡、构图等，对于色调一般调整较少。小李要求美工助理对店铺产品主图和详情页图风格进行统一设计和调整，美工助理开始对图像进行一级和二级调色。

任务1　营销图片调色准备

任务情境

美工助理想要了解不同颜色模式的图像效果如何，通过对不同颜色模式图的比较，确保调整后的图像能够更好地吸引消费者的视听情感。

【知识链接】颜色模式的内涵与种类

进行配色前，应先了解颜色模式，颜色模式决定了显示和打印文件的颜色。如网页设计的界面配色、服装设计的布料颜色、书籍设计的封面颜色……美工在设计时看到的每个颜色内容，都和颜色模式息息相关。

颜色模式是将颜色表现为数字形式的模型。在数字世界中，为了表示各种颜色，通常将颜色划分为若干分量。由于成色原理的不同，决定了显示器、投影仪、扫描仪这类靠色光直接合成颜色的颜色设备，与打印机、印刷机这类靠使用颜料的印刷设备在颜色生成方式上有所区别。颜色模式的种类有四种基本的模式，分别为RGB颜色、CMYK颜色、Lab颜色、HSB颜色。除此之外，还有位图模式、灰度模式、索引颜色模式、双色调模式和多通道模式，Photoshop中的图像颜色模式如图4-1所示，HSB颜色模式在颜色面板中，此处不再介绍。

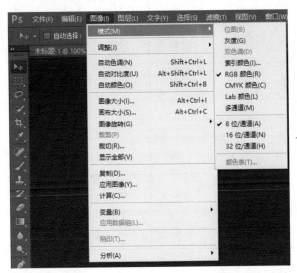

图4-1　Photoshop中的颜色模式

1. RGB和CMYK 颜色模式

　　RGB和CMYK是两种不同的颜色模式。RGB颜色就是常见的光学三原色，三个字母分别指红色（Red）、绿色（Green）、蓝色（Blue）。CMYK也被称为印刷颜色模式，顾名思义就是印刷时显示的颜色模式，四个字母分别指青色（Cyan）、洋红色（Magenta）、黄色（Yellow）、黑色（Black），在印刷中代表四种颜色的油墨。RGB颜色模式是最基础的颜色模式，只要能在电脑屏幕上显示的图像，就一定是RGB颜色模式，因为显示器的物理结构就是遵循RGB颜色模式的。

　　RGB是一种依靠发光的颜色模式，如在一间黑暗的房间内仍然可以看见发光的屏幕上的内容。CMYK是一种依靠反光的颜色模式，当阳光或灯光照射到报纸上，再反射到眼中，才能看到内容，也就是说需要有外界光源。如在黑暗房间内，若没有其他光源，是无法阅读报纸的。只要是在屏幕上显示的图像，就是RGB颜色模式表现的。只要是在印刷品上看到的图像，就是CMYK颜色模式表现的。RGB颜色模式与CMYK颜色模式的关系图示，如图4-2和图4-3所示。

图4-2　RGB颜色模式

图4-3　CMYK颜色模式

RGB 颜色模式与 CMYK 颜色模式的颜色数据信息及关系，如表4-1所示。

表4-1　RGB颜色模式与CMYK颜色模式的颜色数据信息及关系

颜色模式		红色 (R)	绿色 (G)	蓝色 (B)	白色	青色 (C)	洋红色 (M)	黄色 (Y)	黑色 (K)
RGB 颜色模式	(R) 红色	255	0	0	255	0	255	255	0
	(G) 绿色	0	255	0	255	255	0	255	0
	(B) 蓝色	0	0	255	255	255	255	0	0
CMYK 颜色模式	(C) 青色	0	100	100	0	100	0	0	0
	(M) 洋红色	100	0	100	0	0	100	0	0
	(Y) 黄色	100	100	0	0	0	0	100	0
	(K) 黑色	0	0	0	0	0	0	0	100

案例4-1：调整图像色彩

双色调模式可以通过将图像变成灰度图，使用一种或多种色调上色的处理方式来制作一些特殊的主题图像。本例利用双色调模式来调整电商图片，具体操作步骤如下。

步骤一：打开原图，如图4-4所示。

步骤二：执行"图像"→"模式"→"灰度"命令，在弹出的对话框中，单击"扔掉"按钮，也可选中"不再显示"复选框，下次则不再出现此对话框。此时图片转化为灰度模式，如图4-5所示。

图4-4　原图

图4-5　灰度模式的效果

步骤三：执行"图像"→"模式"→"双色调"命令，在"双色调选项"对话框中，单击展开"类型"下拉列表，选择"单色调"选项，调整图像为单色调，在"油墨1"右侧拾色器上选择一个颜色，即可添加颜色。双色调、三色调和四色调的操作同上。

2. Lab颜色模式

人类能看见的颜色都可以用Lab表示，三个字母分别代表亮度（L）、从洋红色到绿色的范围（a）、从黄色到蓝色的范围（b）。Lab颜色模式不依赖设备，不仅包含了RGB和CMYK模式的所有色域，还能表现出这两者所不能表现的色彩。人眼能够感知的色彩，都能通过Lab颜色模式表现出来。使用Lab颜色模式进行设计，再根据输出的需要转换成RGB（显示用）或CMYK（印刷用）颜色模式。这样做的优势是能够在最终的设计作品中，获得比在任何色彩模式下都较为优质的色彩。为了避免色彩失真，一般使用Lab颜色模式编辑图像，再转为CMYK颜色模式进行打印。

3. HSB颜色模式

在HSB颜色模式中，H表示色相，S表示纯度（饱和度），B表示明度（亮度），所对应的媒介是人眼。HSB颜色模式一般在"颜色"面板中进行调节，如图4-6所示。如果H、S的数值越高，饱和度越高，色彩越鲜艳，如图4-7所示。

图4-6 HSB颜色模式

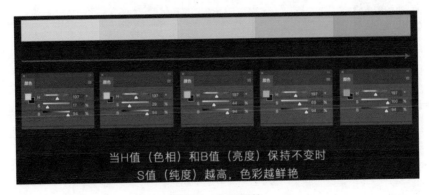

图4-7 色彩调整

当运用同色相进行配色时，采用同一色相，不同明度和纯度的组合，可以在"颜色"面板中，选择"HSB滑块"，先滑动滑块调整H（色相），如果想要鲜艳的颜色，滑动滑块调整S（饱和度）。如果要暗沉一点的颜色，再滑动滑块调整B（明度），可以找到想要的颜色。

人眼能看到的饱和度、亮度等色彩元素，绝大部分都是利用HSB颜色模式输出的，之前讲到的拾色器就是HSB颜色模式。当使用调和型（例如同明度配色、同饱和度配色）的配色方式时，通过HSB颜色模式来选择颜色既方便又准确。

任务2　营销图片自动调色

任务情境

小李制作了几张店铺产品主图，但是主图整体的效果并不是很理想，美工助理向他讲解了几个快捷、方便、实用的调整主图的方法。

【知识链接】调整命令的内容

调整命令主要是对图像色彩进行调整，这些命令包含"图像"菜单下的"自动色调""自动对比度""自动颜色"命令，以及"调整"菜单中的命令等，如图4-8所示。"调整"菜单在实际操作中也是较为常用的菜单。

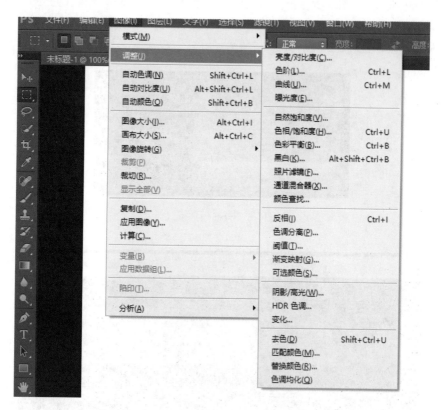

图4-8　调整命令的内容

"自动色调""自动对比度"和"自动颜色"命令没有对话框，可以根据图像的色调、对比度和颜色进行快速调整。

1. "自动色调"命令

"自动色调"命令常用于校正图像常见的偏色问题。打开素材，原图如图4-9所示。执行"图像"→"自动色调"命令，可以看出多余的黄色成分被去除了，效果如图4-10所示。

图4-9　原图

图4-10　执行"自动色调"命令后的效果

2. "自动对比度"命令

　　"自动对比度"命令常用于校正图像对比度过低的问题。打开素材原图，如图4-11所示，可以看出色调偏灰。执行"图像"→"自动对比度"命令，偏灰的图像会被自动提高对比度，效果如图4-12所示。

图4-11　原图

图4-12　执行"自动对比度"命令后的效果

3. "自动颜色"命令

　　"自动颜色"命令主要用于校正图像中颜色的偏差。例如，在图4-13中，色调偏红，执行"图像"→"自动颜色"命令，可以快速减少画面中的红色，效果如图4-14所示。

图4-13　原图

图4-14　执行"自动颜色"命令后的效果

任务3 营销图片明暗调整

任务情境

小李发现有些图片在拍摄时存在布光不均匀的问题，导致新产品的营销主图整体视觉感受不好，比如图片一部分偏亮、一部分偏暗。于是，他希望美工助理调整好图片的明暗度。

1. "亮度/对比度"命令

"亮度/对比度"命令可以对图像的色调范围进行简单的调整，具体操作步骤如下。

步骤：打开需要修改的素材，执行"图像"→"调整"→"亮度/对比度"命令，在"亮度/对比度"对话框中，将"亮度"滑块向右移动，会增加色调值并扩展图像高光范围，向左移动会减少色调值并扩展阴影范围。对"对比度"滑块进行相同操作，可以扩展或收缩图像中色调值的总体范围。

【小贴士】

"亮度/对比度"对话框如图4-15所示，对话框的功能解析如表4-2所示。

图4-15 "亮度/对比度"对话框

表4-2   "亮度/对比度"对话框的功能解析

序号	名称	功能解析
1	亮度	用于设置图像的整体亮度。数值由小到大变化，为负值时，表示降低图像的亮度；为正值时，表示提高图像的亮度
2	对比度	用于设置图像对比度的强烈程度。数值由小到大变化，为负值时，图像对比度减弱；为正值时，图像对比度增强
3	使用旧版	勾选该复选框后，可以得到与PhotoshopCS3以前的版本相同的调整结果
4	预览	勾选该复选框后，在"亮度/对比度"对话框中调节参数时，可以在窗口中观察到图像的变化
5	自动	单击该按钮，Photoshop会自动根据画面进行调整

2. "色阶"命令

色阶是表示图像亮度强弱的指数标准，也就是色彩指数，在图像处理过程中，指的是灰度分辨率（又被称为灰度级分辨率或幅度分辨率）。图像的色彩丰满度和精细度是由色阶决定的，色阶指亮度，和颜色无关，最亮的为白色，最暗的为黑色。

"色阶"命令是一个非常强大的颜色与色调调整工具，可以对图像的阴影、中间调和高光强度级别进行调整，从而校正图像的色调范围和色彩平衡。另外，"色阶"命令可以分别对图像的各个通道进行调整，以校正图像的色彩。执行"图像"→"调整"→"色阶"命令，如图

4-16所示，或者使用"Ctrl+L"快捷键，即可打开"色阶"对话框。

图4-16　执行"色阶"命令

【小贴士】

"色阶"对话框如图4-17所示，对话框的功能解析如表4-3所示。

表4-3　"色阶"对话框的功能解析

序号	名称	功能解析
1	通道	用于设置要调整的颜色通道
2	输入色阶	用于设置图像的低色调、半色调和高色调。左侧第一个文本框用于设置低色调，低于该值的像素将变成黑色；第二个文本框用于设置半色调；第三个文本框用于设置高色调，高于该值的像素将变成白色
3	输出色阶	用于显示要输出的色阶。左侧的文本框用于提高图像的低色调，右侧的文本框用于降低高色调
4	自动	单击可自动调整图像的色阶参数
5	选项	单击可打开"自动颜色校正选项"对话框，进行调整图像的整体色调

图4-17　"色阶"对话框

案例4-2：调整图像的明暗程度

"色阶"命令的优势在于可以单独对画面的阴影、中间调、高光及亮部、暗部区域进行调整，以实现调整色彩的目的。本例利用"色阶"命令调整图像明暗程度，具体操作步骤如下。

步骤一：打开一张图片，该图片看起来整体偏灰，明暗对比不明显，色彩饱和度也不够，如图4-18所示。

步骤二：执行"图像"→"调整"→"色阶"命令，或者使用"Ctrl+L"快捷键，打开"色阶"对话框。在"色阶"对话框中设置要调整的色彩通道、高色调、低色调和半色调等参数，若通道确认为RGB颜色模式，可以在低色调文本框中输入"15"，在半色调文本框中输入"1.09"，在高色调文本框中输入"220"。

步骤三：单击"确定"按钮，效果如图4-19所示。

图4-18　原图　　　　　　　　　　　　　图4-19　调整色阶后效果

步骤四：如果对上述调整色阶图像的效果不满意，可以在"色阶"对话框中，单击"自动"按钮，系统会自动评估图像中的整体色阶，并对图像进行色阶的调整，效果如图4-20所示。

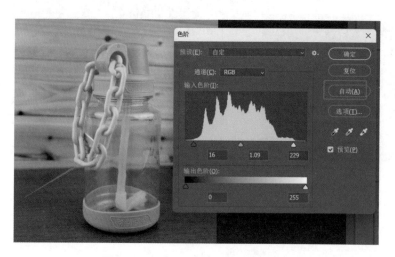

图4-20　单击"自动"按钮调整色阶

3."曲线"命令

"曲线"命令可以对图像的色彩、亮度、对比度进行综合调整，常用于改变图像中物体的质感。与"色阶"命令不同的是，"曲线"命令可以调整灰阶曲线中的任意一点，"色阶"命令则只能调整低色调、半色调和高色调。执行"图像"→"调整"→"曲线"命令，即可打开"曲线"对话框，如图4-21和图4-22所示。

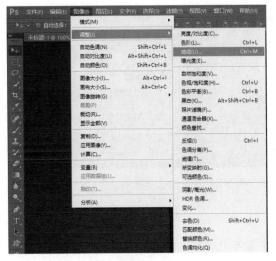

图4-21 执行"曲线"命令

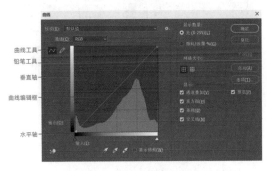

图4-22 "曲线"对话框

【小贴士】

"曲线"对话框的功能解析如表4-4所示。

表4-4 "曲线"对话框的功能解析

序号	名称	功能解析
1	通道	用于设置要调整的颜色通道
2	曲线工具	在曲线编辑框中各处节点产生的色调曲线
3	铅笔工具	选择该工具，可以在曲线编辑框中手动绘制色调曲线
4	曲线编辑框	用于编辑曲线样式
5	水平轴	用于显示输入图像从暗到亮的色调分布
6	垂直轴	用于显示输出图像的明暗分布

案例4-3：调整图像色调

本例利用"曲线"命令调整图像色调，具体操作步骤如下。

步骤一：打开需要调整的图像，原图如图4-23所示。

步骤二：执行"图像"→"调整"→"曲线"命令，打开"曲线"对话框。

步骤三：在"曲线"对话框的"通道"下拉列表中，选择要调整的图像的颜色通道。

步骤四：将鼠标指针移动到曲线编辑框中的曲线上时，会变成十字形，单击并拖动十字形鼠标指针，可在曲线上添加一个调整点，并改变曲线的形状。调整点向上移动将增加图像的亮度，向下拖动将降低图像的亮度，如图4-24所示。

图4-23 原图

图4-24 拖动曲线改变图像亮度的效果

案例4-4：将图像调整为清新色调

本例利用"曲线"命令将产品主图整体调整为清新色调，具体操作步骤如下。

步骤一：打开需要调整的产品主图，原图如图4-25所示。

步骤二：执行"图层"→"新建"→"图层"命令，新建一个图层。执行"图像"→"调整"→"曲线"命令，打开"曲线"对话框，单击"通道"展开下拉列表，选择"绿"选项。在曲线上选择左下角的控制点，向上拖动。改变"绿"曲线可以增加画面的绿色，使画面有轻快感，利用曲线属性增加绿色的效果如图4-26所示。

步骤三：如果认为色调还不够满意，可以在"通道"下拉列表选择"蓝"选项。在曲线上选择底部的控制点，向上拖动，改变"蓝"曲线可以增加画面的蓝调，增加图片的清冷感，利用曲线属性增加蓝色的效果如图4-27所示。

图4-25 原图

图4-26 利用曲线属性增加绿色的效果

图4-27　利用曲线属性增加蓝色的效果

任务4　营销图片色彩调整

任务情境

　　小李将产品图和详情页图发给了美工助理，美工助理发现产品主图的色彩有部分失真。于是，美工助理对产品图片的整体色彩进行处理。

　　【知识链接】色彩的感觉与象征

　　色彩作为一种客观存在，可以表现出丰富的情感，这就是色彩的感觉与象征。

　　色彩包含冷暖感，有些色彩会让人觉得温暖，如红、橙、黄等，有些色彩则会让人觉得冰冷，如蓝、青等。无色彩系中的黑色代表冷，白色代表暖。

　　色彩包含重量感。色彩的重量感主要取决于色彩的明度，高明度的色彩给人以轻快感，低明度的色彩则给人以厚重感。在设计时要处理好色彩构图以达到平衡和稳定的需要。

　　色彩具有空间感。色彩的空间感来源于各种色彩对比，如明暗对比、轻重对比等。

1."色彩平衡"命令

　　对于普通的色彩校正，"色彩平衡"命令可以更改图像总体颜色的混合程度。打开图像，执行"图像"→"调整"→"色彩平衡"命令，如图4-28所示，或者使用"Ctrl+B"快捷键，打开"色彩平衡"对话框，如图4-29所示。

　　"色彩平衡"命令用于调整图像整体的色彩平衡，只作用于复合颜色通道，可在图像中改变颜色的混合方式。如果图像有明显的偏色，可使用该命令进行纠正。

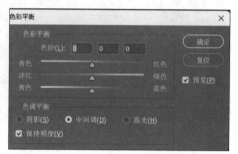

图4-28　执行"色彩平衡"命令　　　　　图4-29　"色彩平衡"对话框

案例4-5：调整电商图片的色彩平衡

图像出现色彩不平衡的问题，一般分为两种情况：一是前期白平衡设置不准确，二是后期处理不对。白平衡是负责色彩还原的，若设置得当且运用准确，拍出来的照片会色彩平衡；若设置不准确则会偏色，一般会向两个方向偏，一个是暖的方向，另一个是冷的方向。"色彩平衡"命令是根据颜色之间的补色原理，控制图像颜色的分布，通过增加某种颜色进行补色来达到减少不需要的颜色的目的。本例详细展示调整电商主图的色彩平衡的技巧，具体操作步骤如下。

步骤一：打开需要调整的图像，这张主图整体由于美工之前处理不当，导致色彩不平衡，如图4-30所示。

步骤二：执行"图像"→"调整"→"色彩平衡"命令，打开"色彩平衡"对话框。

步骤三：在"色彩平衡"对话框中，在"色阶"文本框中输入合适的数值，或者在"色彩平衡"区域中通过拖动滑块调整色彩范围，单击"确定"按钮，效果如图4-31所示。

图4-30　需要调整的图像　　　　　　　图4-31　调整色彩平衡后的效果和对话框

案例4-6：将电商图片背景中的秋景调整为夏景

下面将电商图片背景中的秋景调整为夏景，操作步骤如下。

步骤一：打开秋景水杯主图，如图4-32所示。可以看出图像亮度较高，低色调和半色调不足，并且图像的饱和度不够。

步骤二：使用快速选择工具选中杯子以外的背景，执行"图像"→"调整"→"色彩平衡"命令，打开"色彩平衡"对话框。

步骤三：在"色彩平衡"对话框中，单击"中间调"按钮。在"色彩平衡"区域中，在"青色"对应的"色阶"文本框中输入"−58"；在"蓝色"对应的"色阶"文本框中输入"+20"，单击"确定"按钮。效果如图 4-33 所示。

图4-32　秋景水杯主图

图4-33　调整中间调

步骤四：重复步骤二，打开"色彩平衡"对话框。在"色彩平衡"对话框中，单击"阴影"按钮，在"青色"对应的"色阶"文本框中输入"−21"，在"绿色"对应的"色阶"文本框中输入"+8"，在"蓝色"对应的"色阶"文本框中输入"+25"，单击"确定"按钮，效果如图4-34所示。

图4-34　调整后的效果

2. "色相/饱和度"命令

"色相/饱和度"命令可以对图像的色相、饱和度和明度进行调整，从而达到改变图像色彩的目的。"色相/饱和度"命令的操作步骤如下。

步骤：执行"图像"→"调整"→"色相/饱和度"命令，打开"色相/饱和度"对话框进行设置，如图4-35所示。

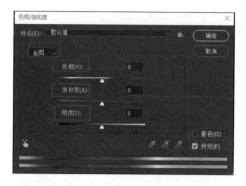

图4-35　"色相/饱和度"对话框

【小贴士】

"色相/饱和度"对话框的功能解析如表4-5所示。

表4-5　"色相/饱和度"对话框的功能解析

序号	名称	功能解析
1	色彩范围	在该下拉列表中可以选择允许调整的色彩范围，能够对全部图像所包含的颜色进行调整，或者对图像中的某一种颜色进行调整
2	色相	在该文本框中输入数值，可更改图像的色相
3	饱和度	在该文本框中输入数值，可更改图像的饱和度
4	明度	在该文本框中输入数值，可更改图像的明度
5	着色	选中"着色"复选框，可为图像整体添加一种单一的颜色

案例4-7：调整电商图片色彩

本例利用"色相/饱和度"命令调整电商图片色彩，具体操作步骤如下。

步骤一：打开需要调整的图像，原图如图4-36所示。

步骤二：执行"图像"→"调整"→"色相/饱和度"命令。

步骤三：在"色相/饱和度"对话框中，在"色相"文本框中输入"+19"，在"饱和度"文本框中输入"+13"，在"明度"文本框中输入"+9"，单击"确定"按钮，如图4-37所示。

图4-36　原图

图4-37　执行"色相/饱和度"命令后的效果和对话框

案例4-8：调整图像局部的色彩

本例利用"色相/饱和度"命令改变图像局部的色彩，具体操作步骤如下。

步骤一：打开需要调整的水杯主图。

步骤二：单击工具箱中的"磁性套索工具"，在属性栏中单击"新选区"按钮。在图像窗口中，选中小黄人水杯上的背带裤边缘建立选区，效果如图4-38所示。

步骤三：执行"图像"→"调整"→"色相/饱和度"命令，打开"色相/饱和度"对话框。在"色相"文本框中输入"-59"，在"饱和度"文本框中输入"+22"，在"明度"文本框中输入"+10"，单击"确定"按钮，调整参数后的效果如图4-39所示。

图4-38 建立选区

图4-39 调整参数后的效果

3. "去色"命令

"去色"命令可以除去图像中的饱和度信息，将图像中所有颜色的饱和度变为"0"，从而将图像变为灰色图像。"去色"命令的操作步骤如下。

步骤一：打开需要调整的图像。

步骤二：执行"图像"→"调整"→"去色"命令，图像去色前后对比效果如图 4-40 和图 4-41 所示。

图4-40 水杯原图

图4-41 水杯去色后

4. "匹配颜色"命令

"匹配颜色"命令可以将另一个图像的颜色与当前图像中的颜色进行混合，达到改变当前图像颜色的目的。"匹配颜色"命令的操作步骤如下。

步骤一：打开两幅图像，如图4-42、图4-43所示，一幅作为参照图像，另一幅作为被调整的图像。

图4-42　参照图像　　　　　　　　　　　　　　图4-43　被调整的图像

步骤二：单击被调整的图像设置为当前图像。

步骤三：执行"图像"→"调整"→"匹配颜色"命令，打开"匹配颜色"对话框。

步骤四：在"匹配颜色"对话框中，在"源"下拉列表中选择当前文档，"图层"选择参照图像。此时，背景图像变成了淡淡的红色调，匹配颜色效果和对话框如图4-44所示。

图4-44　匹配颜色效果和对话框

5. "替换颜色"命令

"替换颜色"命令可以改变图像中某些区域的色相、饱和度和明度。"替换颜色"命令的操作步骤如下。

步骤：执行"图像"→"调整"→"替换颜色"命令，打开"替换颜色"对话框，如图4-45所示。

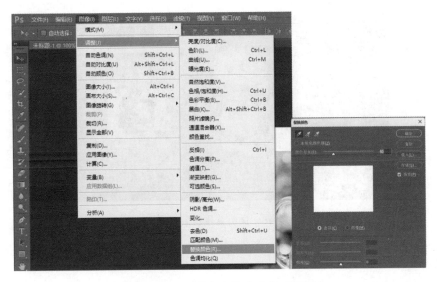

图4-45 "替换颜色"命令和对话框

案例4-9：将图像的背景色调整成绿色

本例利用"替换颜色"命令快速将图像的背景色调整成绿色，具体操作步骤如下。

步骤一：打开水杯图像，如图4-46所示。

步骤二：执行"图像"→"调整"→"替换颜色"命令，打开"替换颜色"对话框。

步骤三：在图像窗口中，单击水杯上部背景中近似原木色处进行取样，在"替换颜色"对话框的预览窗口中可以看到已经选择的部分（白色区域），如图4-47所示。

图4-46 水杯图像

图4-47 利用"替换颜色"命令调整

步骤四：在"替换颜色"对话框中单击"添加到取样"按钮，再次在图像的中部和下部的背景色附近单击取样。

步骤五：在"替换颜色"对话框中，拖动"色相"滑块到"+95"，"饱和度"滑块到"+61"，"明度"滑块到"+7"，单击"确定"按钮，效果如图4-48所示。

图4-48　调整背景色后的效果

素养园地

同步实训

任务T4-1：利用"自动对比度"命令将"项目4-素材1"中的"景观"调亮。

任务T4-2：利用"色阶"命令将"项目4-素材2"中的"岛上的女孩"高架桥调亮。

扫码下载素材

任务T4-3：利用"曲线"命令将"项目4-素材3"中的"桥"和"沙滩"分区域调整色彩。

任务T4-4：利用"色相/饱和度"命令将"项目4-素材4"中的"包"调整为红色。

同步测试

项目5　电商营销图片主体的选取

重难点

- ❖ 抠图的各个工具的使用方法，抠图的作用及应用
- ❖ 钢笔工具和通道的作用，钢笔抠图和通道抠图的方法
- ❖ 对各类抠图方法进行实践

项目导图

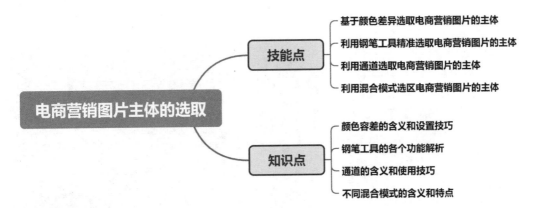

电商营销图片主体的选取

技能点
- 基于颜色差异选取电商营销图片的主体
- 利用钢笔工具精准选取电商营销图片的主体
- 利用通道选取电商营销图片的主体
- 利用混合模式选区电商营销图片的主体

知识点
- 颜色容差的含义和设置技巧
- 钢笔工具的各个功能解析
- 通道的含义和使用技巧
- 不同混合模式的含义和特点

项目情境

　　小李制订了店铺的视觉营销计划，并且成功报名了淘宝官方平台的"9.9包邮"活动，需要美工助理做好视觉设计的配合。淘宝官方小二与美工助理取得联系，将参加活动图片的设计要求细则发送给美工助理，其中要求参加产品的所有展示的主图背景为白色，像素大小不低于400px×400px。由于在产品前期拍摄过程中，美工助理和小李为了营造真实感，给不同的产品搭配了不同的背景，因此美工助理需要给所有参加活动的产品主图进行抠图并重新设计。

任务1　颜色差异抠图

任务情境

　　运营主管发现在淘宝官方平台活动的报名要求里明确了对于参加活动的商品主图、详情页促销图的细则，需要美工助理按照要求进行设计。

【知识链接】什么是抠图

　　图像去背景是图像处理中常用的操作，简称抠图。抠图是指将图像中主体以外的部分去除，或者从图像中分离出部分元素的操作。在Photoshop中抠图的方式有很多种，例如基于颜

色的差异获得图像的选区抠图、使用钢笔工具抠图、通道抠图等。本节主要讲解基于颜色的差异进行抠图的工具。Photoshop有多种可以通过识别颜色的差异创建选区的工具，如快速选择工具、魔棒工具、磁性套索工具、魔术橡皮擦工具等，这些工具位于工具箱的不同工具组中，如图5-1所示。

（a）工具组1

（b）工具组2

（c）工具组3

图5-1　抠图常用工具

1. 快速选择工具

快速选择工具能够自动查找颜色接近的区域，并创建出这部分区域的选区。单击工具箱中的"快速选择工具"，在属性栏中设置合适的绘制模式及画笔大小，将鼠标指针定位在要创建选区的位置。然后在画面中拖动，即可自动创建与鼠标指针移动过的位置颜色相似的选区。打开原图，如图5-2所示，利用快速选择工具建立选区，如图5-3所示。

图5-2　原图

图5-3　利用快速选择工具建立选区

如果当前画面中已有选区，想要创建新的选区，可以在属性栏中单击"新选区"按钮，然后在画面中拖动，如图5-4所示。如果第一次绘制的选区不够，可以单击属性栏中的"添加到选区"按钮，即可在原有选区的基础上添加新选区，如图5-5所示。如果绘制的选区有多余的部分，可以单击"从选区减去"按钮，在多余的选区部分涂抹，即可在原有选区的基础上减去当前新绘制的选区，如图5-6所示。

图5-4　创建新的选区

图5-5　添加新选区

图5-6　减少选区

案例5-1：更改饮料广告图的背景

本例利用快速选择工具更改饮料广告图的背景，操作步骤如下。

步骤一：打开原图，如图5-7所示。

步骤二：在工具箱中单击"快速选择工具"，单击"添加到选区"按钮，然后将鼠标指针移动到杯子上，在杯子上拖动，得到杯子的选区，如图5-8所示。使用"Ctrl+J"快捷键将选区复制并创建一个新图层。

步骤三：在工具箱中单击"移动工具"，将图层移动到准备好的背景素材中，调整到合适的大小和位置，如图5-9所示。

图5-7　原图　　　　　　图5-8　得到杯子选区　　　　　图5-9　将杯子置入后的背景效果

2. 魔棒工具

魔棒工具用于获取与取样点颜色相似部分的选区。使用该工具在画面中单击，鼠标指针所处的位置就是"取样点"，颜色是否相似则是由容差数值控制的，容差数值越大，可被选择的范围越大。魔棒工具的属性栏如图5-10所示，其属性栏的功能解析如表5-1所示。

图5-10　魔棒工具的属性栏

表5-1　魔棒工具属性栏的功能解析

序号	名称	功能解析
1	容差	在"容差"文本框中输入数值，容差数值（0～255）决定选区范围。数值越小，选取的颜色越相近，选区范围越小
2	消除锯齿	设定选区范围是否具备消除锯齿的功能
3	对所有图层取样	该复选框用于具有多个图层的图像。未选中时，魔棒工具只对当前选中的图层起作用，选中则对所有图层起作用

案例5-2：给向日葵图像换背景

本例利用魔棒工具给向日葵图像换背景，具体操作步骤如下。

步骤一：打开向日葵图像，如图5-11所示。

步骤二：在工具箱中单击"魔棒工具"，在图片黑色部分中单击，选中黑色部分成为选区，右击选区，在弹出的菜单中选择"选择反向"选项，如图5-12所示，可以反向选中向日葵。使用"Ctrl+J"快捷键将选区复制并创建出一个只有向日葵的新图层，如图5-13所示。

步骤三：在工具箱中单击"移动工具"，将新图层置入准备好的背景素材，调整到合适的大小和位置，如图5-14所示。

图5-11　打开图像

图5-12　反向选中向日葵

图5-13　只有向日葵的新图层

图5-14　将新图层置入背景素材的效果

3. 磁性套索工具

磁性套索工具能够自动识别颜色差别，并自动选取相似颜色的选区，以得到某个对象的选区。磁性套索工具常用于快速选择与背景对比强烈且边缘复杂的对象，其属性栏如图5-15所示。

图5-15　磁性套索工具的属性栏

磁性套索工具属性栏的功能解析如表5-2所示。

表5-2　磁性套索工具属性栏的功能解析

序号	名称	功能解析
1	羽化	用于设定选区的羽化功能，使选区边缘得到羽化效果，其值在0～1000像素之间
2	消除锯齿	用于设定消除选区边缘的锯齿，使选区边缘平滑，不出现锯齿
3	宽度	用于设定探查的边缘宽度，其值在1～256像素之间。数值越大，探查的范围越大，数值越小，探查的范围越精确
4	对比度	用于设定套索的敏感度，其值在1%～100%之间。数值越大，选区范围越精确
5	频率	用于设置选区的定点数，数值越大，定点越多，固定选区边框越快

案例5-3：给杯子换背景

本例利用磁性套索工具给杯子换背景，具体操作步骤如下。

步骤一：打开杯子图像。

步骤二：在工具箱中单击"磁性套索工具"，在图像杯口边缘单击确定起点，沿着杯壁移动光标，此时杯子边缘会出现很多锚点，如图5-16所示，沿着杯壁移动光标，直至移动到起始锚点处再次单击，即可得到杯子的选区，如图5-17所示。

图5-16　磁性套索工具的锚点

图5-17　得到选区

步骤三：在选区中右击，在弹出的菜单中选择"选择反向"选项，如图5-18所示，按"Delete"键删除选区中的像素，利用"Ctrl+D"快捷键取消选区的选择，如图5-19所示。

图5-18　选择反向

图5-19　删除选区像素并取消选区

步骤四：重复执行上述操作将杯柄内的像素删除，效果如图5-20所示。将图层置入准备好的背景素材，调整到合适的大小和位置，按"Enter"键完成置入，效果如图5-21所示。

图5-20　删除杯柄内的像素

图5-21　置入完成后的效果

4. 魔术橡皮擦工具

魔术橡皮擦工具可以快速擦除画面中相同的颜色，使用方法与魔棒工具相似。魔术橡皮擦工具位于橡皮擦工具组中，右击该工具组，在弹出的工具列表中即可选择"魔术橡皮擦工具"。在属性栏中设置"容差"数值及是否勾选"连续"复选框。设置完成后，在画面中单击，即可擦除与单击点颜色相似的区域。魔术橡皮擦工具在工具箱中的位置如图5-22所示。

魔术橡皮擦工具的属性栏如图5-23所示，属性栏的功能解析如表5-3所示。

图5-22　魔术橡皮擦工具在工具箱中的位置

图5-23　魔术橡皮擦工具的属性栏

表5-3　魔术橡皮擦工具属性栏的功能解析

序号	名称	功能解析
1	容差	此处的"容差"与魔棒工具属性栏中的"容差"功能相似，都是用来限制所选像素之间的相似性或差异性。在此主要用来设置擦除的颜色范围
2	消除锯齿	可以使擦除区域的边缘变得平滑
3	连续	选中该复选框时，只擦除与单击点像素相连接的区域；取消选中该复选框时，可以擦除图像中所有与单击点像素相似的像素区域
4	不透明度	用来设置擦除的强度。数值越大，擦除的像素越多；数值越小，擦除的像素越少，被擦除的部分变为半透明。数值为100%时，将完全擦除像素

设置不同容差值时的对比效果如图5-24至图5-26所示。

图5-24　原图　　　　　　　　图5-25　容差为15的效果　　　　　图5-26　容差为50的效果

案例5-4：给小熊图像换背景

本例利用魔术橡皮擦工具给小熊图像换背景，操作步骤如下。

步骤一：打开小熊图像。在"文件"菜单中，选择"置入嵌入对象"选项，置入背景图，然后将置入对象调整到合适的大小、位置，按"Enter"键完成置入操作，如图5-27所示。接着将该图层栅格化。

图5-27　将小熊图像置入背景图

步骤二：选中小熊图像所在的图层，在工具箱中选择"魔术橡皮擦工具"，在属性栏中的"容差"文本框中输入"20"，取消选中"消除锯齿"和"连续"复选框，在背景上单击，去掉部分背景，如图5-28所示。重复执行上述操作，直到将所有的背景删除，最终效果如图5-29所示。

图5-28　小熊图像去背景过程　　　　　　　　　　图5-29　最终效果

5. 背景橡皮擦工具

　　背景橡皮擦工具是一种基于色彩差异的智能化擦除工具,可以自动采集画笔中心的色样,同时删除在画笔内出现的这种颜色,使擦除区域变成透明区域。使用背景橡皮擦工具的操作步骤如下。

　　步骤一:打开需要的素材,单击"背景橡皮擦工具"。

　　步骤二:单击属性栏中的"取样:连续"按钮,在拖动时可以连续对颜色进行取样,凡是出现在鼠标指针以内的像素都将被擦除,如图5-30所示。

　　步骤三:单击"取样:一次"按钮,重复步骤二的操作,只擦除包含第一次单击处颜色的像素,如图5-31所示。

　　步骤四:单击"取样:背景色板"按钮,只擦除包含背景色的像素,如图5-32所示。

图5-30　"取样:连续"的效果

图5-31　"取样:一次"的效果

图5-32　"取样:背景色板"的效果

【**小贴士**】如何选择合适的取样方式？

连续取样：这种取样方式会随鼠标指针位置的改变而更换取样颜色，适合在背景颜色差异较大时使用。

一次取样：这种取样方式适合背景为单色或颜色变化不大的情况。因为这种取样方式只会识别鼠标指针第一次在画面中单击的位置，所以在擦除过程中不必特别留意鼠标指针的位置。

背景色板取样：由于可以随时更改背景色，这种取样方式可以方便地擦除不同的颜色，因此适合当背景颜色变化较大，而又不想使用擦除程度较大的连续取样方式的情况。

限制：用于设置擦除图像时的限制模式。选择"不连续"选项时，可以擦除出现在鼠标指针下任何位置的样本颜色；选择"连续"选项时，只擦除包含样本颜色且相互连接的区域；选择"查找边缘"选项时，可以擦除包含样本颜色的连接区域，同时更好地保留形状边缘的锐化程度，设置擦除图像时的不同限制模式的对比效果如图5-33～图5-35所示。

图5-33　选择"不连续"的效果　　图5-34　选择"连续"的效果　　图5-35　选择"查找边缘"的效果

容差：用来设置颜色的容差范围。低容差仅限于擦除与样本颜色非常相似的颜色区域，高容差可擦除范围更广的颜色区域。

保护前景色：选中该复选框后，可以防止擦除与前景色相匹配的区域。

6. 色彩范围

色彩范围可根据图像中某一种或多种颜色的范围创建选区，其具有一个完整的参数设置窗口，可以进行颜色的选择、颜色容差的设置，以及选区的调整。

执行"选择"→"色彩范围"命令，弹出"色彩范围"对话框如图5-36所示，对话框的功能解析如表5-4所示。

图5-36　"色彩范围"对话框

表5-4 "色彩范围"对话框的功能解析

序号	名称	功能解析
1	选择	用来设置创建选区的方式。选择"取样颜色"选项时，将光标移至画布中的图像上，单击即可进行取色。选择"红色""黄色""绿色""青色"等选项时，可以选择图像中特定的颜色；选择"高光""中间调"和"阴影"选项时，可以选择图像中特定的色调；选择"肤色"选项时，会自动检测皮肤区域；选择"溢色"选项时，可以选择图像中出现的溢色
2	检测人脸	当"选择"设置为"肤色"时，选中"检测人脸"复选框，可以更加准确地查找皮肤部分的选区
3	本地化颜色簇	选中此复选框，拖动"范围"滑块可以控制要包含在蒙版中的颜色与取样点的最大和最小距离
4	颜色容差	用来控制颜色的选择范围。数值越高，包含的颜色越多；数值越低，包含的颜色越少
5	范围	当"选择"设置为"高光""中间调"和"阴影"时，可以通过调整"范围"数值，设置"高光""中间调"和"阴影"各个部分的大小
6	图像查看区域	包含"选择范围"和"图像"两个单选按钮。当选中"选择范围"单选按钮时，预览区中的白色代表被选中的区域，黑色代表未选中的区域，灰色代表被部分选中的区域（即有羽化效果的区域）；当选中"图像"单选按钮时，预览区内会显示当前范围内的图像

案例5-5：抠出图像中的红色枕头

本例利用色彩范围抠出图像中的红色枕头，操作步骤如下。

步骤一：打开需要调整的图像。执行"选择"→"色彩范围"命令，单击展开"选择"下拉列表，有多种颜色取样方式可供选择。

步骤二：如果选择"红色"选项，图像查看区域显示为明暗不同的灰色，如图5-37（a）所示。如果选择"阴影"选项，在图像查看区域可以看到被选中的区域变为白色，其他区域为黑色，如图5-37（b）所示。

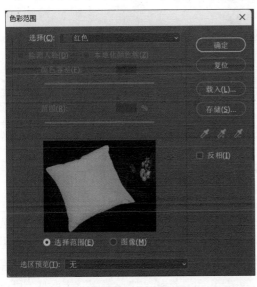
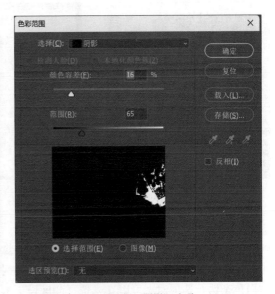

（a）选择"红色"选项　　　　　　　　　（b）选择"阴影"选项

图5-37 不同选项的显示对比

步骤三：如果现有的颜色选项无法满足需求，则可以在"选择"下拉列表中选择"取样颜色"，鼠标指针会变成取色笔的形状，将其移至图像上，单击即可进行取样。在图像查看区域中可以看到与单击处颜色接近的区域变为白色，如图5-38所示。

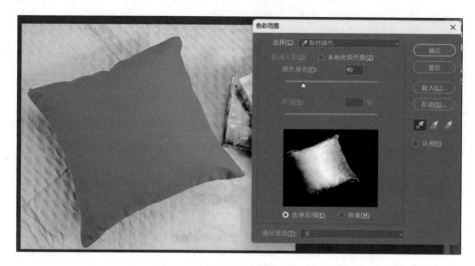

图5-38　在图像中进行颜色取样

步骤四：此时如果发现单击后被选中的区域范围有些小，原本非常接近的颜色区域并没有在图像查看区域中变为白色，可以适当增大"颜色容差"的数值，使选择范围变大，如图5-39所示。

步骤五：虽然增大"颜色容差"可以扩大被选中的范围，但还是会遗漏一些区域。此时可以单击"添加到取样"按钮，在画面中单击需要被选中的区域。也可以在图像查看区域中单击，使需要选中的区域变白，如图5-40所示。

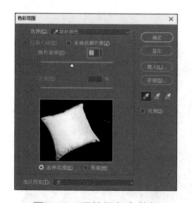

图5-39　调整颜色容差值

图5-40　利用"添加到取样"扩大选区

步骤六：为了便于观察选区效果，可以从"选区预览"下拉列表中选择选区预览方式。选择"无"选项时，表示不在窗口中显示选区；选择"灰度"选项时，可以按照选区在灰度通道中的外观来显示选区；选择"黑色杂边"选项时，可以在未选择的区域上覆盖一层黑色；选择"白色杂边"选项时，可以在未选择的区域上覆盖一层白色；选择"快速蒙版"选项时，可以显示选区在快速蒙版状态下的效果，不同选区预览方式显示效果的对比如图5-41至图5-45所示。

图5-41 预览方式：无

图5-42 预览方式：灰度

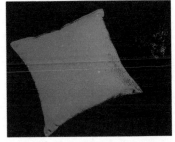

图5-43 预览方式：黑色杂边

图5-44 预览方式：白色杂边

图5-45 预览方式：快速蒙版

　　步骤七：选择好选区后，单击"确定"按钮，即可得到选区，如图5-46所示。使用"Ctrl+J"快捷键就可得到只有枕头的新图层，或者单击"存储"按钮，将当前的设置状态保存为选区预设文件，然后单击"载入"按钮，载入存储的选区预设文件。

图5-46 图片选中的效果

任务2 钢笔工具精确抠图

任务情境

美工助理将产品图根据淘宝平台官方图片要求处理后，交给运营主管审核，他觉得有些产品主体在选取的过程中的细节没有处理得很好。运营主管要求美工助理尝试利用钢笔工具进行抠图。

【知识链接】钢笔工具的作用

虽然前面讲到的几种基于颜色差异的抠图工具可以进行非常便捷的抠图操作，但是还是有一些情况无法处理，例如主体物与背景非常相似的图像，对象边缘模糊不清的图像，基于颜色抠图后对象边缘参差不齐的情况等，这些都无法利用前面学到的工具很好地完成抠图操作。这时就需要使用钢笔工具进行精确路径的绘制，然后将路径转换为选区，接着删除背景，或者单独把主体物复制出来，就可以完成抠图操作了。

1. 相关概念

在使用钢笔工具抠图之前，首先来认识几个概念。使用钢笔工具以路径模式绘制出的对象称为路径，路径是由一些锚点连接而成的线段或曲线。当调整锚点的位置或弧度时，路径形态也会随之发生变化，如图5-47所示。

锚点可以决定路径的走向及弧度。锚点有两种，尖角锚点和平滑锚点。平滑锚点上会显示一条或两条方向线（有时也被称为控制棒或控制柄），方向线的两端为方向点，方向线和方向点的位置共同决定弧度形态，如图5-48所示。

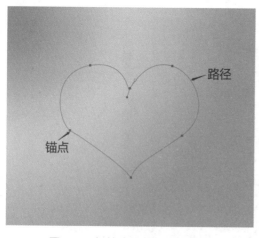

图5-47　钢笔工具的路径和锚点

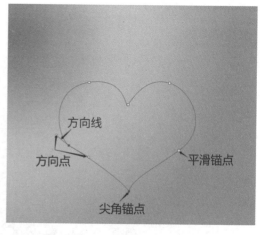

图5-48　锚点和方向点

在使用钢笔工具进行精确抠图的过程中，会用到钢笔工具组和路径选择工具组。钢笔工具组包括钢笔工具、自由钢笔工具、弯度钢笔工具、添加锚点工具、删除锚点工具、转换点工具，路径选择工具组包括路径选择工具、直接选择工具，如图5-49和图5-50所示。钢笔工具和自由钢笔工具用于绘制路径，剩余的工具用于调整路径的形态。通常使用钢笔工具时应尽可能准确地绘制出路径，然后利用其他工具进行细节调整。

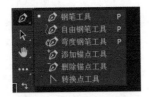

图5-49　钢笔工具组

图5-50　路径选择工具组

2. 绘制路径

（1）绘制直线或折线路径

在工具箱中选择"钢笔工具"，在属性栏中的"选择工具模式"下拉列表中，选择"路径"选项。在画面中单击，出现一个锚点，这是路径的起点，接着在下一个位置单击，在两个锚点之间会生成一段直线路径，如图5-51所示。继续以单击的方式进行绘制，可以绘制出折线路径，如图5-52所示。

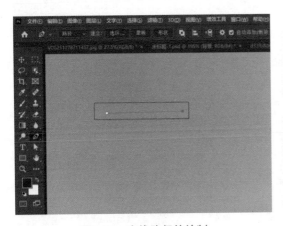

图5-51　直线路径的绘制

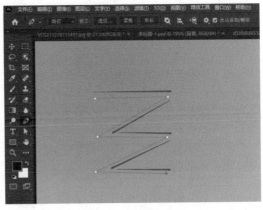

图5-52　折线路径的绘制

【小贴士】终止路径的绘制

　　如果要终止路径的绘制，可以在使用"钢笔工具"的状态下按"Esc"键，或者单击工具箱中的其他任意一个工具，也可以终止路径的绘制。

（2）绘制曲线路径

曲线路径由平滑锚点组成。使用"钢笔工具"直接在画面中单击后拖动，此时可以看到鼠标指针的位置生成了一个锚点，而拖动的位置显示了方向线，如图5-53所示。此时向某一方向拖动方向线，可以调整方向线的角度，曲线的弧度也随之发生变化，如图5-54所示。

（3）绘制闭合路径

路径绘制完成后，将鼠标指针定位到路径的起点处，当鼠标指针变为钢笔带圆圈的形状时，如图5-55所示，单击即可闭合路径，形成闭合路径效果如图5-56所示。

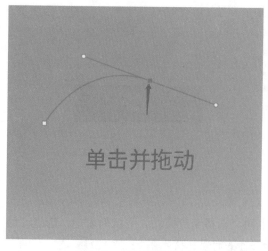

图5-53　曲线路径绘制

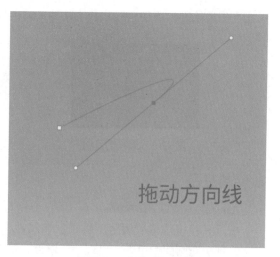

图5-54　曲线路径调整

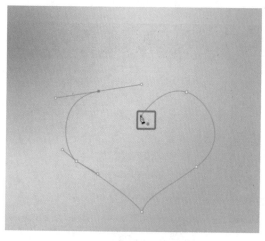

图5-55　钢笔带圆圈的形状

图5-56　闭合路径

【小贴士】删除路径

　　路径绘制完成后，如果需要删除路径，可以在使用"钢笔工具"的状态下右击，在弹出的快捷菜单中选择"删除路径"选项。

　　（4）继续绘制未完成的路径

　　对于未闭合的路径，如要继续绘制，可以将鼠标指针移动到路径的一个端点处，当其变为钢笔带圆圈形状时，图5-57所示，单击该端点，拖动继续绘制，可以看到在当前路径上向外产生了延伸的路径，如图5-58所示。

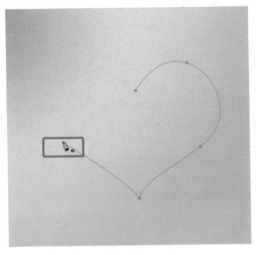

图5-57　钢笔带圆圈形状

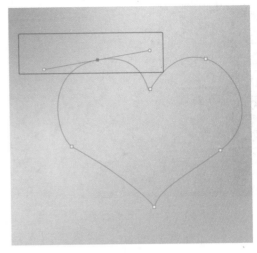

图5-58　向外延伸的路径

【小贴士】继续绘制路径

　　需要注意的是，如果鼠标指针变为钢笔带星号的形状，那么此时绘制的是一条新的路径，而不是在之前路径的基础上继续绘制了。

3.编辑路径

　　（1）选择路径和移动路径

　　单击工具箱中的"路径选择工具"，在需要选中的路径上单击，此时路径上的锚点出现，表明该路径处于选中状态，如图5-59所示，拖动即可移动该路径，向下移动路径如图5-60所示。

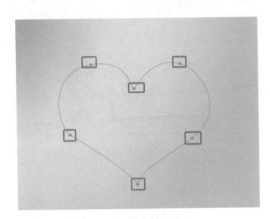

图5-59　路径处于选中状态

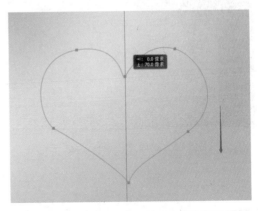

图5-60　向下移动路径

　　（2）选择锚点和移动锚点

　　单击工具箱中的"直接选择工具"，如图5-61所示，可以选择路径上的锚点或方向线，选中之后可以移动锚点或调整方向线，如图5-62所示，为向右移动锚点。

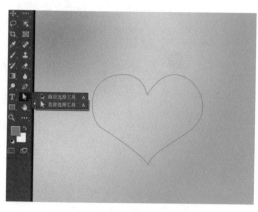
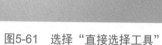

图5-61　选择"直接选择工具"

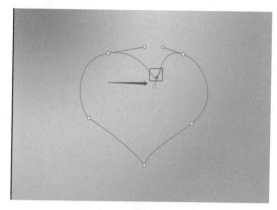

图5-62　向右移动锚点

（3）添加锚点

如果路径上的锚点较少，细节就无法精细刻画，可以使用"添加锚点工具"在路径上添加锚点。

（4）删除锚点

要删除多余的锚点可以使用钢笔工具组中的"删除锚点工具"。

（5）转换锚点类型

工具箱中的"转换点工具"可以将锚点在尖角锚点与平滑锚点之间转换，如图5-63和图5-64所示。

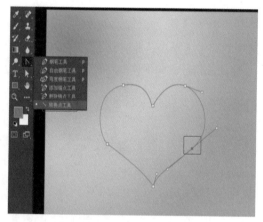

图5-63　选择"转换点工具"

图5-64　从平滑锚点转化成尖角锚点

4. 转换路径

路径绘制完成后，想要抠图，最重要的一个步骤就是将路径转换为选区。在使用"钢笔工具"的状态下，在路径上右击，在菜单中选择"建立选区"选项。在弹出的"建立选区"窗口中可以进行"羽化半径"的设置，如图5-65所示，本次设置为"5"像素，羽化效果如图5-66所示。

图5-65 "建立选区"对话框

图5-66 羽化效果

案例5-6：抠出叮当猫的图像

使用钢笔工具将路径转化为选区后可以轻松完成抠图工作。本例利用钢笔工具抠出叮当猫的图像，操作步骤如下。

步骤一：打开叮当猫图像，为了避免原图层被破坏，可以复制叮当猫图层，并隐藏原图层，在复制的图层上操作。选择工具箱中的"钢笔工具"，在属性栏中单击"选择工具模式"下拉列表，选择"路径"选项，将鼠标指针移至叮当猫边缘，单击生成锚点，将鼠标指针移至下一个转折点，再单击生成锚点，绘制的路径如图5-67所示。

步骤二：继续沿着边缘绘制路径，当绘制至起点处鼠标指针变为钢笔带圆圈的形状时，单击闭合路径，如图5-68所示。

图5-67 绘制的路径

图5-68 形成闭合路径

步骤三：调整锚点位置。在使用"钢笔工具"状态下，按住"Ctrl"键切换到"直接选择工具"，将锚点拖动至猫咪边缘，如图5-69所示。

步骤四：若遇到锚点数量不够的情况，可以添加锚点，再继续移动锚点位置，在选中"钢笔工具"状态下，将鼠标指针移至路径处，当其变为钢笔带加号的形状时，单击即可添加锚点，如图5-70所示。

图5-69　调整锚点位置

图5-70　添加锚点

步骤五：若在调整过程中锚点过于密集，可以将鼠标指针移至需要被删除的锚点的位置，当鼠标指针变为钢笔带减号的形状时，单击即可将锚点删除，如图5-71所示。

步骤六：将尖角锚点转换为平滑锚点。在工具箱中选择"转换点工具"，拖动尖角锚点，使之产生弧度，在方向线上拖动，即可调整方向线角度，使之与叮当猫形态吻合，如图5-72所示，调整完全部的锚点，路径效果如图5-73所示。

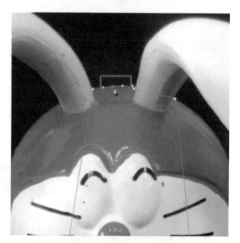

图5-71　删除锚点

图5-72　调整锚点使路径贴合边缘

图5-73　完整的叮当猫路径

步骤七：将路径转换为选区。路径调整完成，利用"Ctrl+Enter"快捷键，将路径转换为选区，如图5-74所示。再利用"Ctrl+J"快捷键就可得到只有叮当猫的新图层，如图5-75所示。

图5-74　将路径转化为选区

图5-75　建立叮当猫新图层

5. 自由钢笔工具

自由钢笔工具是一种绘制路径的工具。然而自由钢笔工具并不适合绘制精确的路径，因为自由钢笔工具是通过在画面中随意拖动，鼠标指针经过的区域即可形成路径。

右击工具箱中钢笔工具组，在弹出的工具列表中选择"自由钢笔工具"，沿区域拖动即可自动添加锚点，绘制出路径，如图5-76所示。

图5-76　利用自由钢笔工具绘制路径

6. 磁性钢笔工具

磁性钢笔工具并不是一个独立的工具，而是需要在使用"自由钢笔工具"状态下，单击属性栏的"设置其他钢笔和路径选项"按钮，在"路径选项"下拉框勾选"磁性的"复选框，此时工具则切换为"磁性钢笔工具"。在画面中主体物边缘单击并沿轮廓拖动鼠标指针，可以看到磁性钢笔会自动选取颜色差异较大的区域创建路径。在下拉框中可以对磁性钢笔的"曲线拟合"数值进行设置。该数值用于控制绘制路径的精度，数值越大，路径越平滑，数值越小，路径越精确。

案例5-7：为热气球换背景

利用自由钢笔工具和磁性钢笔工具为热气球换背景，具体操作步骤如下。

步骤一：打开热气球素材，将其所在图层栅格化，栅格化后的效果如图5-77所示。

步骤二：选中热气球图层，在工具箱中单击"自由钢笔工具"，单击"设置其他钢笔和路径选项"按钮，在"路径选项"下拉框选中"磁性的"复选框。在热气球的边缘上单击确定起点，

图5-77　图层栅格化后的效果

沿着热气球边缘拖动绘制路径，如图5-78所示。当拖动到起始锚点后单击即可闭合路径，如图5-79所示。

图5-78　沿热气球边缘绘制路径

图5-79　形成闭合路径

步骤三：使用"Ctrl+Enter"快捷键得到路径的选区，如图5-80所示，使用"Ctrl+Shift+I"快捷键将选区反选，然后使用"Delete"键删除选区中的像素，使用"Ctrl+D"组合键取消选区，如图5-81所示。此时可以看到还有部分背景未删除，重复上述操作进行删除，删除选区后的效果如图5-82所示。

图5-80　得到选区

图5-81　取消选区

图5-82　删除选区后的效果

步骤四：执行"文件"→"置入嵌入对象"命令，置入背景素材图，按"Enter"键完成置入，最终效果如图5-83所示。

图5-83　最终效果

任务3　通道抠图

任务情境

运营主管审核发现有很多人物模特的头发、动物的毛发边缘等主体细节没有处理好，有很多像素丢失了，导致图片质量降低。运营主管要求美工助理尝试使用通道抠图。

【知识链接1】认识通道面板

通道面板可以用于创建、保存和管理通道。当在 Photoshop 中打开图像时，会自动创建该图像的颜色通道。Photoshop 提供了 3 种类型的通道，分别为颜色通道、专色通道和 Alpha 通道。颜色通道和专色通道用于存储颜色信息，Alpha 通道用于存储选区。通道面板如图 5-84 所示，单击右侧按钮即可打开面板菜单，如图 5-85 所示，通道面板的功能解析如表 5-5 所示。

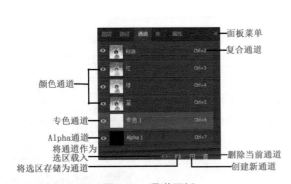

图5-84　通道面板

图5-85　面板菜单

表5-5　通道面板的功能解析

序号	名称	功能解析
1	复合通道	面板中最先列出的通道是复合通道。在复合通道下可以同时预览和编辑所有颜色
2	颜色通道	用来记录图像信息的通道。不同颜色模式的图像显示的颜色通道个数不同
3	专色通道	用来保存专色油墨的通道。若印刷时不能使用 CMYK 颜色模式印出来所需的颜色，这时需要调制出来，比如金色，CMYK 颜色模式无法印刷出很漂亮的金色，需要调出一个专色，专色印刷的方法和其他颜色印刷的方法一样
4	Alpha通道	用来保存选区的通道。可在 Alpha 通道中绘画、填充颜色、填充渐变等，黑色表示全透明，白色表示不透明，灰色表示半透明
5	将通道作为选区载入	单击该按钮，可以载入所选通道的选区。黑色表示选区外部，白色表示为选区内部，灰色表示半透明的选区
6	将选区存储为通道	单击该按钮，可以将图像中的选区保存在通道内。选区内部会被填充为白色，选区外部会被填充为黑色，羽化的选区显示为灰色
7	创建新通道	单击该按钮，可以新建一个 Alpha 通道
8	删除当前通道	将通道拖动到该按钮上，可以删除通道。如果删除的是红、绿、蓝通道中的一个，那么 RGB 通道也会被删除；如果删除的是复合通道，那么将删除除 Alpha 通道和专色通道以外的所有的通道

【知识链接2】认识颜色通道

　　颜色通道就像是摄影胶片，记录了图像的内容和颜色信息。图像的颜色模式不同，颜色通道的数量也不相同。RGB图像包含红、绿、蓝和一个复合通道，如图5-86所示；CMYK图像包含青色、洋红、黄色、黑色和一个复合通道，如图5-87所示；Lab图像包含明度、a、b和一个复合通道，如图5-88所示。位图、灰度、双色调和索引颜色模式的图像只有一个通道。

图5-86　RGB图像通道

图5-87　CMYK图像通道

图5-88　Lab图像通道

1. 通道

　　单击"通道"面板中的任意一个通道即可选中该通道，画面中会显示所选通道的灰度图像，选中单个通道效果如图5-89所示。按住"Shift"键，同时单击其他通道，可以选择多个通道，此时窗口会显示所选颜色通道的复合信息，效果如图5-90所示。通道名称的左侧显示通道内容的缩略图，在编辑通道时，缩略图会自动更新。

　　如果想要观察整个画面的全通道效果，可以单击复合通道前的"小眼睛"图标，使之变为可视状态，如图5-91所示。

图5-89　选中单个通道效果

图5-90　选择多个通道效果

图5-91　选中复合通道效果

　　使用"Ctrl+数字键"快捷键可以快速选择通道。例如，若图像为RGB图像模式，使用"Ctrl+3"快捷键可以选择"红"通道；使用"Ctrl+4"快捷键可以选择"绿"通道；使用"Ctrl+5"快捷键可以选择"蓝"通道；使用"Ctrl+6"快捷键可以选择Alpha通道；如果要回到RGB通道，可以使用"Ctrl+2"快捷键。

　　案例5-8：调整图像色调

　　默认情况下通道显示为灰度图像，如果想要使用某个通道中的灰度图像，可以将通道中的内容复制出来。本例利用通道调整图像色调，具体操作步骤如下。

　　步骤一：打开原图，如图5-92所示。打开"通道"面板，使用"Ctrl+3"快捷键或直接单击"红"通道，如图5-93所示，选中"红"通道。

图5-92　原图

图5-93　选中"红"通道

步骤二：使用快捷键"Ctrl+A"全部选中，使用快捷键"Ctrl+C"复制内容，然后取消选区，可以使用快捷键"Ctrl+D"。单击"RGB"通道，显示完整的彩色图像。回到"图层"面板，新建一个图层，使用快捷键"Ctrl+V"粘贴图层，此时将"红"通道内容复制到新图层"图层1"，效果如图5-94所示。

步骤三：得到的图像不仅可以用于制作黑白照片，还能够通过设置图像的混合模式，制作特殊的色调效果。例如，在"图层"面板的"设置图层的混合模式"下拉列表中，选择"正片叠底"选项，效果如图5-95所示。

图5-94　将"红"通道内容复制到新图层

图5-95　调整图像色调后的效果

2. 分离通道

在Photoshop中可以将图像以通道的灰色图像为内容，拆分为多个独立的灰度图像。下面以一张RGB颜色模式的图像为例，分离通道的操作步骤如下。

步骤一：打开原图，如图5-96所示，该图像的通道信息如图5-97所示。

步骤二：单击"通道"面板，单击右侧按钮展开面板菜单，选择"分离通道"选项，如图5-98所示。将通道分离成为单独的灰度图像文件，如图5-99至图5-101所示。标题栏中的文件名为原文件的名称加上该通道名称的缩写，原文件则被关闭。当需要在不能保留通道的文件格式中保留单个通道信息时，分离通道非常有用。需要注意的是，在分层图模式下不能进行分离通道的操作。

图5-96　原图　　　　　　图5-97　图像的通道信息　　　　图5-98　选择"分离通道"

图5-99　灰度图像1　　　　图5-100　灰度图像2　　　　图5-101　灰度图像3

3. 合并通道

在Photoshop中，多个灰度图像可以合并为一个图像的通道，创建为彩色图像。但图像必须是灰度模式，具有相同的像素尺寸并处于打开的状态。合并通道的操作步骤如下。

步骤一：使用"Ctrl+O"快捷键，打开3个黑白图像，如图5-102至图5-104所示。

图5-102　素材1　　　　　　图5-103　素材2　　　　　　图5-104　素材3

步骤二：打开"通道"面板，单击右侧按钮展开面板菜单，选择"合并通道"选项，打开"合并通道"对话框。在"模式"下拉列表中选择"RGB颜色"选项，如图5-105所示，单击"确定"按钮。弹出"合并RGB通道"对话框，设置各个颜色通道对应的图像文件，如图5-106所示。

图5-105　"合并通道"对话框

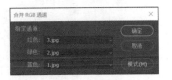

图5-106　设置各颜色通道的图像文件

步骤三：单击"确定"按钮，合并为一个彩色的RGB图像，如图5-107所示。如果在"合并RGB通道"对话框中改变通道所对应的图像，则合成后图像的颜色也不相同，如图5-108、图5-109所示。

图5-107　合并成彩色通道效果　　图5-108　改变通道图像的效果1　　图5-109　改变通道图像的效果2

4. Alpha通道

Alpha通道有三种用途：一是用于保存选区；二是可以将选区存储为灰度图像，这样就能使用画笔、加深、减淡等工具及各种滤镜，通过编辑Alpha通道来修改选区；三是可以从Alpha通道中载入选区。

在图5-109的基础上，单击"创建新通道"按钮，可以新建一个Alpha通道，此时的Alpha通道为黑色，没有任何选区，如图5-110所示。

在Alpha通道中可以进行填充渐变、绘图等操作。选中该Alpha通道，单击面板底部的"将通道作为选区载入"按钮，即可得到选区。

以当前选区创建Alpha通道相当于将选区存储在通道中，需要使用时可以随时调用。将选区创建Alpha通道后，选区变为了可见的灰度图像，对灰度图像进行编辑即实现对选区进行编辑的目的。

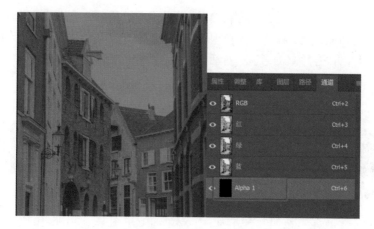

图5-110　新建Alpha通道

5. 应用图像

通道之间可以使用应用图像进行混合，操作步骤如下。

步骤一：打开原图，如图5-111所示。执行"图像"→"应用图像"命令，打开"应用图像"对话框，如图5-112所示。

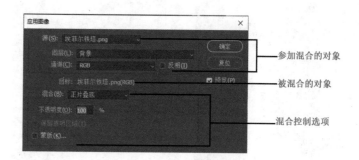

图5-111　原图　　　　　　　　　　　　　图5-112　"应用图像"对话框

步骤二：将"源"设置为本文档，单击"通道"下拉列表，选择"红"选项。为了让混合效果明显，可以适当减少"不透明度"文本框中的数值，如图5-113所示。在"图层"面板中的"设置图层的混合模式"下拉列表，选择"正片叠底"选项，调整后如图5-114所示。

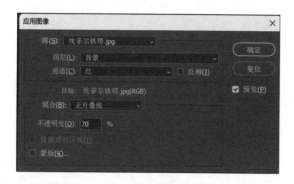

图5-113　调整"应用图像"对话框参数　　　　　　图5-114　调整后的效果

6. 专色通道

专色通道可以用来存储印刷用的专色。专色是特殊的预混油墨，如金色油墨、银色油墨、荧光油墨等，用于替代或补充普通的印刷色油墨。通常情况下，专色通道是以专色的名称来命名的，创建专色通道的操作步骤如下。

步骤一：打开一张图片，如图5-115所示。使用"魔棒工具"将空白区域选取出来，如图5-116所示。

图5-115　素材

图5-116　创建选区

步骤二：单击"通道"面板右侧按钮展开面板菜单，选择"新建专色通道"选项，如图5-117所示。弹出"新建专色通道"对话框，如图5-118所示。在该对话框中可以设置专色通道的名称，单击"颜色"图标，在"拾色器"对话框中单击"颜色库"按钮，弹出"颜色库"对话框，可以自定义油墨颜色，如图5-119所示。

图5-117　选择"新建专色通道"

图5-118　新建专色通道

步骤三：在"新建专色通道"对话框中，可以通过"密度"数值来设置颜色的浓度，比如在"密度"文本框中输入"50"，单击"确定"按钮，如图5-120所示。专色通道新建完成，效果如图5-121所示。

图5-119　"颜色库"对话框

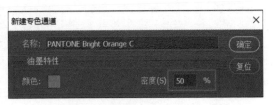

图5-120　"新建专色通道"对话框

图5-121　专色通道新建完成效果

7. 通道与选区

利用不同的通道得到选区后，单击复合通道回到原始效果，如图5-122所示。在"图层"面板中，选区内的部分按"Delete"键删除，观察效果，可以看到有的部分被彻底删除，也有的部分变为半透明，删除选区图像效果如图5-123所示。

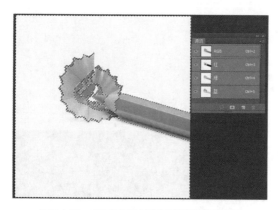

图5-122　得到选区后回到图像原始效果

图5-123　删除选区图像效果

案例5-9：抠取电商模特并制作营销图

通道抠图的主体思路就是在各个通道中进行对比，找到一个主体与环境黑白反差最大的通道，复制并进行操作，可用于抠出边缘复杂的图像、半透明的薄纱图像等。本例使用通道进行人物抠图，具体操作步骤如下。

步骤一：首先复制背景图层，将其隐藏，可以避免破坏原始图像。选中需要抠取的图层。打开"通道"面板，逐一观察并选择主体物与背景黑白对比最强烈的通道。红、绿、蓝通道图像效果分别如图5-124至图5-126所示，经过观察，蓝通道中头发与背景之间的黑白对比较为明显。选中蓝通道，右击选择"复制通道"选项，创建"蓝拷贝"通道，如图5-127所示。复制对比度最强的通道这一步至关重要，否则会改变原画面的颜色。

图5-124 红通道效果

图5-125 绿通道效果

图5-126 蓝通道效果

图5-127 复制蓝通道

步骤二：利用"调整"命令来增强复制的通道黑白对比，使选区与背景区分开来。选中"蓝拷贝"通道，使用快捷键"Ctrl+M"打开"曲线"对话框，单击"在图像中取样以设置黑场"按钮，在人物皮肤上单击。此时皮肤部分连同比皮肤暗的区域全部变为黑色，如图5-128所示。单击"在图像中取样以设置白场"按钮，单击背景部分，此时背景变为全白，如图5-129所示，设置完成后单击"确定"按钮。

图5-128 利用曲线设置黑场

109

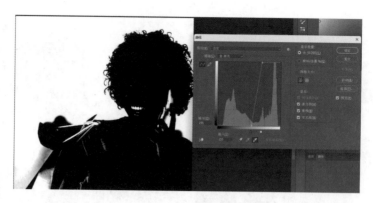

图5-129　利用曲线设置白场

步骤三：将前景色设置为黑色，使用"画笔工具"将人物面部及衣服部分涂抹成黑色，如图5-130所示。调整完毕后，单击"通道"面板的"将通道作为选区载入"按钮，得到人物的选区，如图5-131所示。

图5-130　利用"画笔工具"涂抹成黑色

图5-131　得到人物的选区

步骤四：单击复合通道，右击选区，在弹出的菜单中选择"选择反向"选项，此时人物抠取完毕，仔细观察人物头发细节都没有失真，如图5-132所示。使用快捷键"Ctrl+J"，将抠取的图像拷贝到新图层，如图5-133所示。

制作营销图，可以将"图层1"拖入到新背景图像中，添加文字元素"11.11狂欢购物节，进口产品全场5折起"，效果如图5-134所示。

图5-132　反向选择后的人物选区

图5-133　抠取出来的人物模特

图5-134　营销图设计效果

任务4　混合模式抠图

任务情境

为迎接"双十一"活动，运营主管要求美工助理制作以"双十一"活动为主题的推广海报，在制作海报过程中，美工助理发现一些背景为纯黑、纯白的素材图像，用钢笔工具等进行抠图的过程中细节没有处理好，有很多像素的丢失、背景消除不全的现象，导致图片质量降低。运营主管要求美工助理尝试利用混合模式抠图。

【知识链接1】混合模式抠图的作用

混合模式抠图的原理就是反其道而行，并不执着于抠取电商图片的主体部分，是一种间接的抠图方法，在不破坏图像本身的同时，过滤掉图像的背景。这种方法的优点明显，效率高，操作简单。缺点是只适合纯黑、纯白背景的图像，如果不是黑色或白色背景的图像，需要结合调整命令将图像调整为黑色或白色。灵活使用混合模式可以用来处理一些复杂图像的抠取与合成。

【知识链接2】混合模式

混合模式是Photoshop的重要功能之一，决定了当前图像中的像素如何与底层图像中的像素混合，使用混合模式可以轻松制作出许多特殊的效果，但是要真正掌握却不是一件容易的事。在Photoshop中共有27种混合模式，系统默认分为六大类，分别是组合模式、加深混合模式、减淡混合模式、对比混合模式、比较混合模式、色彩混合模式。

（1）组合模式

组合模式中包含正常模式和溶解模式，需要配合调整不透明度才能产生一定的混合效果。正常模式的特点是，调整上面图层的不透明度可以使当前图像与底层图像产生混合效果。溶解模式的特点是，配合调整不透明度可创建点状喷雾式的图像效果，不透明度越低，像素点越分散。

（2）加深混合模式

加深混合模式可将当前图像与底层图像进行比较使底层图像变暗，包括变暗、正片叠底、颜色加深、线性加深四种模式。变暗模式的特点是显示并处理比当前图像更暗的区域。正片叠底模式的特点是可以使当前图像中的白色部分完全消失，除白色外的其他区域都会使底层图像变暗。无论是图层间的混合还是在图层样式中，正片叠底都是常用的一种混合模式。颜色加深模式的特点是可保留当前图像中的白色区域，并加强深色区域。线性加深模式与正片叠底模式的效果相似，但产生的对比效果更强烈，相当于正片叠底与颜色加深的组合。

（3）减淡混合模式

减淡混合模式的特点是当前图像中的黑色将会消失，任何比黑色亮的区域都可能加亮底层图像，包括变亮、滤色、颜色减淡、线性减淡四种模式。变亮模式的特点是比较并显示当前图像比下面图像亮的区域，与变暗模式产生的效果相反。滤色模式可以使图像产生漂白的效果，滤色模式与正片叠底模式产生的效果相反。颜色减淡模式的特点是可加亮底层的图像，同时使颜色变得更加饱和，由于对暗部区域的改变有限，因此可以保持较好的对比度。线性减淡模式与滤色模式相似，但是可以产生更加强烈的对比效果。

（4）对比混合模式

对比混合模式综合了加深和减淡混合模式的特点，在进行混合时50%的灰色会完全消失，任何亮于50%灰色区域都可能加亮下面的图像，而暗于50%灰色的区域都可能使底层图像变暗，从而增加图像对比度，包括叠加、柔光、强光、亮光、线性光、点光、实色混合七种模式。叠加模式的特点是在为底层图像添加颜色时，可保持底层图像的高光和暗调。柔光模式可产生比叠加模式或强光模式更精细的效果。强光模式可增加图像的对比度，相当于正片叠底和滤色模式的组合。亮光模式的特点是混合后的颜色更为饱和，可使图像产生一种明快感。线性光模式的特点是使图像产生更高的对比度，从而使更多区域变为黑色和白色。点光模式的特点是可根据混合色替换颜色，主要用于制作特效。实色混合模式的特点是可增加颜色的饱和度，使图像产生色调分离的效果。

（5）比较混合模式

比较混合模式可比较当前图像与底层图像，然后将相同的区域显示为黑色，不同的区域显示为灰度层次或彩色，包括差值和排除模式。差值模式的特点是使当前图像中的白色区域产生反相的效果，而黑色区域则会更接近底层图像。排除模式比差值模式产生更为柔和的效果。

（6）色彩混合模式

色彩的三要素是色相、饱和度和亮度，使用色彩混合模式合成图像时，Photoshop会将三要素中的一种或两种应用在图像中，包括色相、饱和度、颜色、明度四种模式。色相模式适合修改彩色图像的颜色，该模式可将当前图像的基本颜色应用到底层图像中，并保持底层图像的亮度和饱和度。饱和度模式可使图像的某些区域变为黑白，该模式可将当前图像的饱和度应用到底层图像中，并保持底层图像的亮度和色相。颜色模式可将当前图像的色相和饱和度应用到底层图像中，并保持底层图像的亮度。明度模式可将当前图像的亮度应用于底层图像中，并保持底层图像的色相和饱和度。

除上述基本的混合模式外，Photoshop还提供了背后和清除模式，在处理电商图片过程中，使用形状工具、画笔工具和铅笔工具时，会显示这两种模式。

1. 白色背景抠图

如果商品图像背景呈白色，可以使用加深混合模式中的正片叠底模式将白色背景叠加抠出。具体操作步骤如下。

步骤一：打开两张素材图，如图5-135和图5-136所示。

图5-135 白色背景杯子素材图

图5-136 桌面素材图

步骤二：选择杯子所在的图像，在"图层"面板中，在杯子图层双击解锁图层，或者复制该图层。在工具箱中单击"移动工具"，将杯子图像移动到桌面图像上，使用"Ctrl+T"快捷键将杯子图像缩放到合适的大小，实现图层叠加，效果如图5-137所示。

图5-137 图层叠加效果

步骤三：选中杯子图层，在"图层"面板的"设置图层的混合模式"下拉列表中选择"正片叠底"选项，效果如图5-138所示。

图5-138 选择"正片叠底"后的效果

2. 纯黑色背景抠图

如果图像比较复杂，且背景呈黑色，可以使用减淡混合模式中的滤色模式进行抠图。具体操作步骤如下。

步骤一：打开两张素材图，如图5-139和图5-140所示。

图5-139　雨夜素材

图5-140　闪电素材

步骤二：选择闪电所在的图像，在"图层"面板中，双击解锁图层，或者复制该图层。在工具箱中单击"移动工具"，将闪电图像移动到雨夜图像上，使用"Ctrl+T"快捷键将闪电图像缩放到合适的大小，并移动到合适的位置，进行图层叠加，效果如图5-141所示。

图5-141　图层叠加效果

步骤三：选中闪电图层，在"图层"面板的"设置图层的混合模式"下拉列表中选择"滤色"选项，完成后的效果如图5-142所示。

图5-142 完成后的效果

3. 相同色背景抠图

当图像与背景色接近时，可以运用曲线进行区分抠图，以下是具体操作步骤。

步骤一：打开人物素材图，如图5-143所示。

步骤二：选中人物所在的图层，在"图层"面板中双击解锁图层，或者复制该图层。

步骤三：执行"图层"→"新建调整图层"→"曲线"命令，在弹出的"新建图层"对话框中，单击"确定"按钮。在"属性"面板中向下拖动以显示完整曲线，如图5-144所示，调整曲线。

图5-143 人物素材

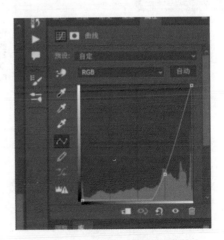

图5-144 "属性"面板的曲线

步骤四：执行"选择"→"主体"命令，出现人物主体选区，将上方的两个图层隐藏，如图5-145、图5-146所示。

步骤五：使用"Ctrl+J"快捷键进行选区复制，得到空白背景的"图层2"，如图5-147所示。选中"图层2"，在工具箱中单击"移动工具"，将"图层2"移动到新背景中，效果如图5-148所示。

图5-145　选中人物主体选区

图5-146　隐藏上方两图层后的效果

图5-147　得到空白背景的图层

图5-148　移动到新背景的效果

素养园地

同步实训

　　任务T4-1：利用钢笔工具将"项目5-素材1"中的"咖啡杯"抠出。

　　任务T4-2：利用通道将"项目5-素材2"中的"积木玩具""毛兔子"抠出。

　　任务T4-3：利用通道结合钢笔工具或多边形套索工具，将"项目5-素材3"中的人物抠出，并选择合适的背景图，设置曲线文字广告宣传语。

　　任务T4-4：利用图层混合模式将"项目5-素材4"中的"戒指"抠出。

扫码下载素材

同步测试

第三部分
电商平台营销图片设计技巧

项目6 文字工具制作营销图片

重难点

❖ 了解文字工具的使用方法和实际应用
❖ 了解文字属性的作用

项目导图

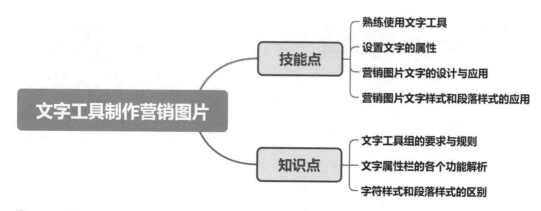

文字工具制作营销图片

技能点
- 熟练使用文字工具
- 设置文字的属性
- 营销图片文字的设计与应用
- 营销图片文字样式和段落样式的应用

知识点
- 文字工具组的要求与规则
- 文字属性栏的各个功能解析
- 字符样式和段落样式的区别

项目情境

店铺正式开始各种促销活动，紧接着店铺的访客数、浏览量、下单量、成交量都在周期性地增长。鉴于这次活动的成功性，小李和运营团队商量继续参加淘宝的官方活动，并且开通了直通车、淘宝客等增加店铺曝光的付费渠道。小李要求美工助理设计若干不同风格的营销图片。

任务1 文字工具

任务情境

由于先前部分商品没有被定位合适的营销词而缺乏推广，于是小李和运营团队要求美工助理制作符合商品的广告词来完成主推产品的推广。广告词的设计是整个营销图片设计中较难的一部分，需要综合使用文字工具。

【知识链接】

认识"文字工具"属性栏

1. 文字工具

Photoshop工具箱中的文字工具组（快捷键"T"），包括横排文字工具、直排文字工具、直排文字蒙版工具、横排文字蒙版工具，如图6-1所示。横排文字工具和直排文字工具主要用来创建实体文字，如点文字、段落文字、路径文字、区域文字，横排文字工具效果如图6-2所示。而直排文字蒙版工具和横排文字蒙版工具则用来创建文字形状的选区，横排文字蒙版工具效果如图6-3所示。

图6-1　文字工具组

图6-2　横排文字工具效果

图6-3　横排文字蒙版工具效果

（1）更改文本方向

选中文字，执行"文字"→"文本排列方向"→"横排"或"竖排"命令，可以切换文字排列方向为横排或竖排，如图6-4所示。

（a）横排

（b）竖排

图6-4　横排和竖排文字效果

（2）设置字体样式

在图6-4的基础上，单击工具箱中的"横排文字工具"，在属性栏中，单击"字体格式"下拉列表，可以选择需要的字体，不同字体效果如图6-5所示。

（a）宋体　　　　　　　　　　　　　　　　　　（b）黑体

图6-5　不同字体效果

（3）设置字体大小

单击工具箱中的"横排文字工具"，在属性栏的"字体大小"下拉列表中选择字体大小的选项，或者在"字体大小"文本框中手动输入数值，分别输入"60点"和"100点"，效果如图6-6所示。对于需要调整其中部分文字的字体大小，则需要选中要更改的文字后再进行设置。

（a）60点　　　　　　　　　　　　　　　　　　　（b）100点

图6-6　不同字体大小效果

（4）消除锯齿的方法

输入文字后，打开"设置消除锯齿的方法"下拉列表，可以设置消除锯齿的方法。

选中"无"时，不会消除锯齿，文字边缘会呈现不平滑的效果；选中"锐利"时，文字的边缘最为锐利；选中"犀利"时，文字的边缘比较锐利；选中"浑厚"时，文字的边缘会变粗一些；选中"平滑"时，文字的边缘会非常平滑。使用不同消除锯齿的方法的效果如图6-7所示。

（a）无　　　　　（b）锐利　　　　　（c）犀利　　　　　（d）浑厚　　　　　（e）平滑

图6-7　使用不同消除锯齿的方法的效果

（5）设置文本对齐方式

在图6-4（a）的基础上，单击工具箱中的"横排文字工具"，选中所有文字，在属性栏中，可以选择对齐选项，分别单击"左对齐文本""居中对齐文本""右对齐文本"按钮，效果如图6-8所示。

（a）左对齐　　　　　　（b）居中对齐　　　　　　（c）右对齐

图6-8　不同文本对齐方式效果

（6）设置文本颜色

在图6-8（b）的基础上，单击工具箱中的"横排文字工具"，选中所有文字，在属性栏中，单击"设置文本颜色"按钮，打开"拾色器（文本颜色）"后可选取颜色。也可以通过"色板"面板更改颜色，选中文字后，在"色板"面板中单击相应的色块即可。不同颜色文本效果如图6-9所示。

（a）黑色　　　　　　　　　　　（b）红色

图6-9　不同颜色文本效果

（7）提交所有当前编辑

在文本输入或编辑状态下会显示"提交"按钮，单击该按钮即可确定并完成当前的文字输入或编辑操作，或者使用"Ctrl+Enter"快捷键完成操作。

【小贴士】"直排文字工具"属性栏

　　"直排文字工具"与"横排文字工具"的属性栏参数基本相同，区别在于文本对齐方式，分别表示为顶对齐文本、居中对齐文本、底对齐文本。不同文本对齐方式，效果如图6-10所示。

（a）顶对齐　　　　　　（b）居中对齐　　　　　　（c）底对齐

图6-10　不同文本对齐方式效果

2. 点文本

点文本是常用的文本形式之一。在点文本状态下输入的文本会一直沿着横向或纵向进行排列，输入的文本过多会超出画面显示区域，需要使用回车键换行。点文本常用于较短文本的输入，如文章标题、营销图片上少量的宣传文字、艺术字等，如图6-11和图6-12所示。使用点文本的详细操作步骤如下。

图6-11　宣传文字

图6-12　艺术字

步骤一：打开需要的素材，单击工具箱中的"横排文字工具"，在属性栏中设置字体、字号、颜色等文字属性。在画面中单击（单击处为文字的起点），出现闪烁的光标，如图6-13所示，输入文字，文字会沿横向排列，输入文字后单击"提交"按钮或使用"Ctrl+Enter"快捷键，完成文字的输入，如图6-14所示。

图6-13　文字起点

图6-14　内容填充

步骤二：可以发现在"图层"面板中新增了一个文字图层。若需调整文字图层的字体、字号等属性，可以选中该文字图层，如图6-15所示。在属性栏或"属性"面板的"字符"区域中进行更改，更改文字属性后的效果如图6-16所示。

图6-15　选中文字图层

图6-16　更改文字属性后效果

步骤三：在图6-16的基础上修改部分字符属性。在文本框中选中要修改的字符，如图6-17所示。在属性栏或"属性"面板的"字符"区域中修改相应的属性（如字体大小、颜色等）。修改完成后，单击"提交"按钮或使用"Ctrl+Enter"快捷键完成修改，可以看到只有选中的字符发生了变化，如图6-18所示。

图6-17 选中要修改的字符

图6-18 部分字符修改效果

步骤四：在图6-18的基础上修改文本内容。单击"横排文字工具"，将光标放置在要修改的内容前，如图6-19所示，选中需要更改的字符，如图6-20所示。输入新字符，如图6-21所示。

图6-19 光标位置

图6-20 选中需要更改的字符

图6-21 输入新字符

步骤五：在图6-21的基础上移动文字。将鼠标指针移动到文字的旁边，当鼠标指针变成星号形状时，如图6-22所示。拖动即可实现移动文字，如图6-23所示。

图6-22 移动鼠标指针

图6-23 移动文字

文字的选择方式

在文字输入状态下，双击可以选择一行文字；连续单击四次可以选择整个段落的文字；使用"Ctrl+A"快捷键可以选择所有的文字。

文字输入状态下变换文字

在使用文字工具或文字蒙版工具输入文字的状态下，按住"Ctrl"键，文字四周会出现类似自由变换的定界框，如图6-24所示。此时可以对该文字进行移动、旋转、缩放、斜切等操作，旋转效果如图6-25所示。

图6-24 文字四周的定界框　　　　　图6-25 旋转效果

3. 段落文本

与点文本相比，段落文本可以在"属性"面板的"段落"区域中选择更多的自动对齐文本方式。在创建文字的过程中，还可以通过控制文字定界框调整创建的文字段落范围，以及进行倾斜或旋转等编辑操作。另外，段落文本是在定界框内输入文字的，具有自动换行、可调整文字区域大小等优势。在需要处理文字量较多的文本（如宣传手册）时，可以使用段落文本。使用段落文本的详细操作步骤如下。

步骤一：单击工具箱中的"横排文字工具"，在属性栏中设置合适的字体、字号、文字颜色、对齐方式。在画布中拖动，绘制一个矩形文本框，如图6-26所示。在矩形文本框中输入文字，文字会自动排列在文本框中，如图6-27所示。

步骤二：在图6-27的基础上调整文本框的

图6-26 绘制矩形文本框

大小。将鼠标指针移动到文本框边缘处拖动文本框，如图6-28所示。随着文本框大小的改变，文字也会重新排列。当文本框较小而不能显示全部文字时，其右下角的控制点会变成"田"字形状，如图6-29所示。

图6-27　自动排列效果　　　　　　　　　图6-28　拖动文本框

步骤三：在图6-29的基础上，对文本框进行旋转。将鼠标指针放在文本框的一角处，当其变为弯曲的双向箭头时，拖动即可旋转文本框，文本框中的文字也会随之旋转（在旋转过程中如果按住"Shift"键，能够以15°角为增量进行旋转），如图6-30所示。单击属性栏中的"提交"按钮或使用"Ctrl+Enter"快捷键完成文本编辑。若放弃对文本的修改，可以单击属性栏中的"取消"按钮或使用"Esc"键。

图6-29　"田"字形状的控制点　　　　　　图6-30　文本框旋转效果

【小贴士】点文本和段落文本的转换

　　当选择的是点文本时，执行"文字"→"转换为段落文本"命令，即可将点文本转换为段落文本；当选择的是段落文本时，执行"文字"→"转换为点文本"命令，即可将段落文本转换为点文本。

4. 路径文字

之前介绍的两种文字效果都是排列比较规则的，但有时候可能需要一些排列不规则的文字效果，比如文字围绕某个图形、线条进行分布，这时就要用到路径文字功能。路径文字比较特殊，是使用横排文字工具或直排文字工具创建出的依附于路径上的一种文字类型，文字的处理方式更加灵活。接下来以使用路径文字制作茶具的宣传图片为例，详细介绍操作步骤。

步骤一：单击工具箱中的"自由钢笔工具"，基于图中的杯子绘制路径，如图6-31所示。

步骤二：单击工具箱中的"横排文字工具"，将鼠标指针移动到路径上并单击，此时路径上出现文字的输入点，如图6-32所示。

图6-31　基于图中的杯子绘制路径

图6-32　路径文字输入点

步骤三：在图6-32的基础上，在路径内输入文字，文字会沿着路径进行排列，如图6-33所示。

步骤四：利用"自由钢笔工具"改变路径形状时，文字的排列方式也会随之发生改变，如图6-34所示。

图6-33　路径文字效果

图6-34　路径改变时的文字效果

5. 区域文字

区域文字与段落文本比较相似，都被限定在某个特定的区域内。段落文本处于一个矩形的文本框内，而区域文字的外框则可以是任何图形。当图片需要特殊形状的文字区域时，可以选择使用区域文字。下面以使用区域文字制作营销图片为例，详细展示操作步骤和方法。

步骤一：打开需要的素材，先利用钢笔工具绘制出爱心形状路径，再单击工具箱中的"横排文字工具"，在属性栏中设置合适的字体、字号及文本颜色，将鼠标指针移动至路径内，如图6-35和图6-36所示。

图6-35　绘制路径

图6-36　区域文字的设置

步骤二：单击路径，输入文字，可以看到文字只在路径内排列。文字输入成功后，如图6-37所示，单击"提交"按钮，完成区域文字的制作，单击其他图层即可隐藏路径，如图6-38所示。

图6-37　区域文字的输入

图6-38　完成区域文字的制作

6. 变形文字

在制作艺术字效果时，需要对文字进行变形操作。Photoshop提供了多种文字变形方式，例如文字的扭曲和凸起效果，如图6-39和图6-40所示。制作变形文字的详细操作步骤如下。

图6-39　文字的扭曲效果

图6-40　文字的凸起效果

步骤：选中需要变形的文字图层，在使用文字工具的状态下，在属性栏中单击"创建文字变形"按钮，打开"变形文字"对话框，在"样式"下拉列表中选择变形文字的样式，如图6-41所示。然后分别设置文本扭曲的方向，以及弯曲、水平扭曲、垂直扭曲等参数，单击"确定"按钮，即可完成文字的变形，如图6-42所示。

图6-41　选择变形文字的样式

图6-42　"变形文字"对话框中的参数设置

"变形文字"对话框中设置的参数不同，所呈现的文字效果不同。

（1）水平或垂直

单击"横排文字工具"，输入文字"买就送杯链"，在属性栏中单击"创建文字变形"按钮，打开"变形文字"对话框。在"变形文字"对话框的"样式"下拉列表中选择"扇形"，再单击"水平"单选按钮，此时文本扭曲的方向为水平，如图6-43所示。当选中"垂直"单选按钮时，文本扭曲的方向为垂直，如图6-44所示。

图6-43　水平方向效果

图6-44　垂直方向效果

（2）弯曲

设置文本的弯曲程度。单击"横排文字工具"，输入文字"买就送杯链"，在属性栏中单击"创建文字变形"按钮，打开"变形文字"对话框。在"变形文字"对话框的"样式"下拉列表中选择"上弧"，在"弯曲"文本框中分别输入"+50"和"-50"，单击"确定"按钮。正数为向上弯曲，负数为向下弯曲，不同弯曲效果如图6-45所示。

（a）弯曲+50%   （b）弯曲-50%

图6-45　不同弯曲效果

（3）水平扭曲

　　设置水平方向的透视扭曲变形程度。单击"横排文字工具"，输入文字"买就送杯链"，在属性栏中单击"创建文字变形"按钮，打开"变形文字"对话框。在"变形文字"对话框的"样式"下拉列表中选择"上弧"，在"水平扭曲"文本框中分别输入"+50"和"-50"，单击"确定"按钮，不同水平扭曲效果如图6-46所示。

（a）水平扭曲+50%   （b）水平扭曲-50%

图6-46　不同水平扭曲效果

（4）垂直扭曲

　　设置垂直方向的透视扭曲变形程度。单击"横排文字工具"，输入文字"买就送杯链"，在属性栏中单击"创建文字变形"按钮，打开"变形文字"对话框。在"变形文字"对话框的"样式"下拉列表中选择"上弧"，在"垂直扭曲"文本框中分别输入"+50"和"-50"，单击"确定"按钮，不同垂直扭曲效果如图6-47所示。

（a）垂直扭曲+50%　　　　　　　　　　　（b）垂直扭曲-50%

图6-47　不同垂直扭曲效果

【小贴士】为什么变形文字不可用

　　当所选的文字对象被添加了"仿粗体"样式后，在使用变形文字功能时可能出现不可用的提示，如图6-48所示。此时只需单击"确定"按钮，即可去除"仿粗体"样式，继续使用变形文字功能。

图6-48　无法完成请求

7. 文字蒙版

　　在文字工具箱中还有直排文字蒙版工具和横排文字蒙版工具，文字蒙版工具用来创建文字形状的选区，以方便对文字选区进行填充等操作。使用文字蒙版的详细步骤如下。

　　步骤一：打开需要的素材，单击工具箱中的直排或横排文字蒙版工具，创建文字选区的方法与使用文字工具创建文字对象的方法类似，设置字体、字号等属性的方式也类似。效果如图6-49、图6-50所示。

图6-49　横排文字蒙版效果　　　　　　　　图6-50　直排文字蒙版效果

　　步骤二：以使用"横排文字蒙版工具"为例，在"横排文字蒙版工具"属性栏中设置合适的字体、字号等文字属性，然后在图像中单击，此时图像上会被蒙上一层半透明的红色蒙版，输入文字可以看到文字区域并没有红色蒙版，如图6-51所示。

步骤三：按住"Ctrl"键，文字蒙版的四周会出现界定框，此时可对该文字蒙版进行移动、旋转、缩放、斜切等操作，这里进行逆时针旋转45°，如图6-52和图6-53所示。

图6-51 输入文字

图6-52 文字蒙版界定框

步骤四：在属性栏中单击"提交"按钮，文字变成了选区，该选区形状和文字形状完全一致，如图6-54所示。

图6-53 逆时针旋转

图6-54 横排文字蒙版选区

步骤五：得到文字选区后，可以对其填充前景色、背景色及渐变色等。在这里使用渐变工具对该文字选区进行渐变填充，单击工具箱中的"设置前景色"，在弹出的"拾色器（前景色）"对话框中，在左侧颜色区域中选择蓝色，单击"确定"按钮。单击"创建新图层"按钮，使用"Alt+Delete"快捷键填充前景色，填充完成后使用"Ctrl+D"快捷键取消选区，效果如图6-55所示。

图6-55 填充前景色后的效果

电商图片处理基础

8. 字形

字形是特殊形式的字符，是由具有相同整体外观的字体构成的集合。使用字形面板的详细步骤如下。

步骤一：打开需要的素材，单击工具箱中的"横排文字工具"，在属性栏中设置字体、字号、颜色等文字属性，在需要插入特殊字符的位置输入文字，如图6-56所示。

步骤二：执行"窗口"→"字形"命令，打开"字形"选项卡，如图6-57所示。

图6-56 输入文字

图6-57 "字形"选项卡

步骤三：在"字体"下拉列表中选择一种字体，表格中就会显示出当前字体的字符和符号。在文字输入状态下，双击"字形"选项卡中的特殊字符，即可在画面中输入该特殊字符，效果如图6-58所示。

图6-58 特殊字符效果

任务2 文字属性

任务情境

美工助理在制作广告词时，小李发现广告词的字与字之间的间隙较小，同时，字体大小也较小，这会严重影响到消费者对产品的了解。小李要求美工助理再进行修改，并适当添加促销文字，增加产品的吸引力。

【知识链接1】"字符"面板解析

"字符"面板解析

【知识链接2】"段落"面板解析

"段落"面板解析

1. 字符选项卡

（1）设置行距

打开需要的水杯素材，单击工具箱中的"横排文字工具"，输入促销文字"可拆卸白色吸管600ml容量"，在属性栏中设置字体、字号、颜色等文字属性。执行"窗口"→"字符"命令，打开"字符"选项卡。在"设置行距"文本框中，分别输入"40点"和"72点"，不同行距效果如图6-59所示。

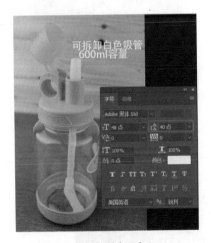
（a）行距为40点

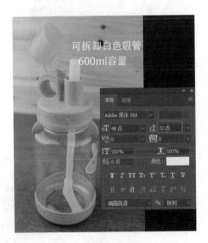
（b）行距为72点

图6-59　不同行距的效果

（2）字距微调

在图6-59（b）的基础上，单击要微调的两个字符，设置插入点，如图6-60所示，在"设置两个字符间的字距微调"文本框中分别输入"-250"和"250"，效果如图6-61所示。输入正值时，字距会扩大；输入负值时，字距会缩小。

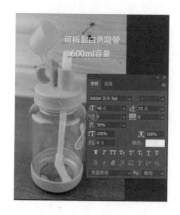

图6-60 设置插入点

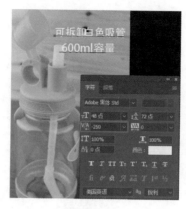

（a）字距为-250

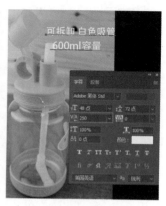

（b）字距为250

图6-61 两个字符之间不同字距微调的效果

（3）字距调整

在图6-59（b）的基础上，选中部分字符时，在"为选定字符设置跟踪"文本框中输入数值，可调整所选字符的间距，效果如图6-62所示；没有选择字符时，在同样的文本框中输入数值，可调整所有字符的间距，效果如图6-63所示。输入正值时，字距会扩大；输入负值时，字距会缩小，分别输入"-250"和"250"时，不同字距效果如图6-64所示。

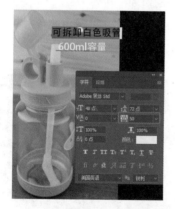

图6-62 字距为50的效果

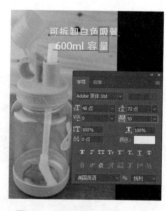

图6-63 调整所有字符间距

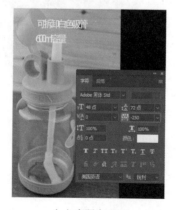

（a）字距为-250

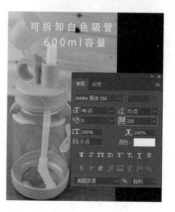

（b）字距为250

图6-64 不同字距的效果

（4）比例间距

字符本身并不会被伸展或挤压，而是字符之间的间距被伸展或挤压。在"比例间距"文本框中分别输入"0%"和"100%"，效果如图6-65所示。

（5）垂直缩放或水平缩放

当"垂直缩放"和"水平缩放"文本框中的百分比相同时，可进行等比缩放，两者不同时，可进行不等比缩放。在"垂直缩放"或"水平缩放"文本框中分别输入"100%"和"150%"，效果如图6-66所示。

（6）基线偏移

当在"设置基线偏移"文本框中输入正值时，文字会上移；输入负值时，文字会下移。在"设置基线偏移"文本框中分别输入"-100点""0点"和"100点"，效果如图6-67所示。

（a）比例间距为0%　　　　　（b）比例间距为100%

图6-65　不同比例间距的效果

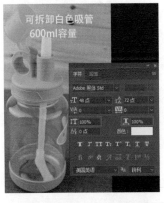 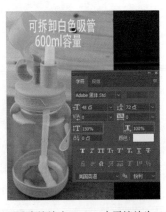

（a）垂直缩放为100%、水平缩放为100%　　　　（b）垂直缩放为150%、水平缩放为100%

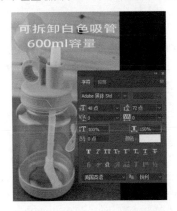 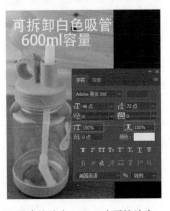

（c）垂直缩放为100%、水平缩放为150%　　　　（d）垂直缩放为150%、水平缩放为150%

图6-66　不同缩放的效果

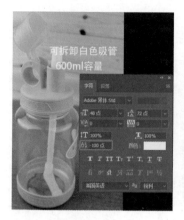 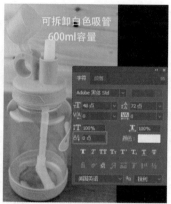 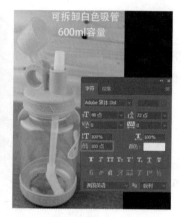

（a）基线偏移为-100点　　　　　　（b）基线偏移为0点　　　　　　（c）基线偏移为100点

图6-67　不同基线偏移的效果

2. 文字样式

文字样式包括仿粗体、仿斜体、全部大写字母、小型大写字母、上标、下标、下画线、删除线，选择不同文字样式，效果如图6-68所示。

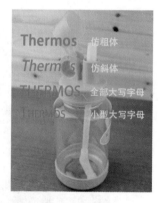 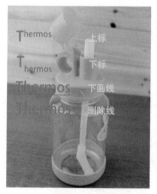

（a）文字样式1　　　　　　　　　　　（b）文字样式2

图6-68　不同文字样式效果

【小贴士】Open Type 功能

　　Open Type在"字符"选项卡的倒数第二行，功能包括标准连字、上下文替代字、自由连字、花饰字、文体替代字、标题替代字、序数字、分数字。语言设置为对所选字符进行有关联字符和拼写规则的设置。

3. 段落选项卡

（1）左对齐文本

打开需要的素材，单击工具箱中的"横排文字工具"，在属性栏中设置字体、字号、颜色等文字属性。执行"窗口"→"段落"命令，打开"段落"选项卡。单击"左对齐文本"按钮，效果如图6-69所示。

（2）居中对齐文本

在图6-69的基础上，在"段落"选项卡中单击"居中对齐文本"按钮，效果如图6-70所示。

（3）右对齐文本

在图6-69的基础上，在"段落"选项卡中单击"右对齐文本"按钮，效果如图6-71所示。

图6-69　左对齐文本　　　　　图6-70　居中对齐文本　　　　　图6-71　右对齐文本

（4）最后一行左对齐

在图6-69的基础上，在"段落"选项卡中单击"最后一行左对齐"按钮，效果如图6-72所示。

（5）最后一行居中对齐

设置最后一行居中对齐，其他行左右两端强制对齐的效果。在图6-69的基础上，在"段落"选项卡中单击"最后一行居中对齐"按钮，效果如图6-73所示。

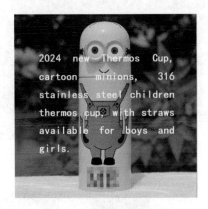　　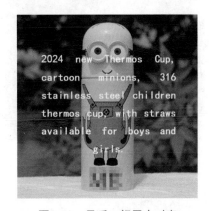

图6-72　最后一行左对齐　　　　　　　图6-73　最后一行居中对齐

（6）最后一行右对齐

在图6-69的基础上，在"段落"选项卡中单击"最后一行右对齐"按钮，效果如图6-74所示。

（7）全部对齐

在图6-69的基础上，在"段落"选项卡中单击"全部对齐"按钮，效果如图6-75所示。

图6-74 最后一行右对齐

图6-75 全部对齐

（8）左缩进

在图6-69的基础上，在"段落"选项卡的"左缩进"文本框中输入"100点"，效果如图6-76所示。

（9）右缩进

在图6-69的基础上，在"段落"选项卡的"右缩进"文本框中输入"100点"，效果如图6-77所示。

图6-76 左缩进

图6-77 右缩进

（10）首行缩进

在图6-69的基础上，在"段落"选项卡的"首行缩进"文本框中输入"100点"，效果如图6-78所示。

（11）段前添加空格

在图6-69的基础上，在"段落"选项卡的"段前添加空格"文本框中输入"50点"，效果如图6-79所示。

（12）段后添加空格

在图6-69的基础上，在"段落"选项卡的"段后添加空格"文本框中输入"50点"，效果如图6-80所示。

图6-78 首行缩进

图6-79　段前添加空格

图6-80　段后添加空格

（13）避头尾法则设置

在中文书写习惯中，标点符号通常不会位于每行文字的行首，如图6-81所示。可以通过"避头尾法则设置"来设定不允许出现在行首或行尾的字符，该功能只对段落文本或区域文字起作用。默认情况下，"避头尾法则设置"为"无"，单击"避头尾法则设置"下拉列表，选择"JIS严格"或"JIS宽松"，即可使位于行首的标点符号位置发生改变，如图6-82所示。

图6-81　中文的错误书写习惯

图6-82　"避头尾法则设置"效果

（14）间距组合设置

在图6-81的基础上，在"段落"选项卡的"间距组合设置"下拉列表中选择"间距组合1"选项，可以对标点使用半角间距，效果如图6-83所示。选择"间距组合2"选项，可以对行中除最后一个字符外的大多数字符使用全角间距；选择"间距组合3"选项，可以对行中的大多数字符和最后一行字符使用全角间距；选择"间距组合4"选项，可以对所有字符使用全角间距。这一设置方法为罗马字符、标点、特殊字符、行开头、行结尾和数字的间距指定了编排方式。

（15）连字

在图6-69的基础上，在"段落"选项卡中选中"连字"复选框后，在输入英文单词，段落文本框的宽度不够时，英文单词将自动换行，并在单词之间用连字符连接起来，效果如图6-84所示。

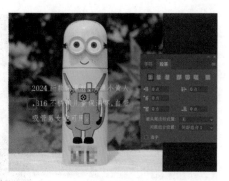

图6-83 "间距组合设置"中"间距组合1"效果　　　　图6-84 英文连字效果

任务3　文字编辑

任务情境

　　美工助理将创作好的主推产品图片发给运营主管审核后，运营主管批评了美工助理，因为他在图片中发现了错别字。美工助理需要对每一张处理过的图片负责，于是美工助理开始寻找实用的方法来避免出现错别字。

　　【知识链接】矢量图的转换

　　在Photoshop中，对于文字图层、形状图层、矢量蒙版图层或智能对象等包含矢量数据的图层，不能直接在上面进行编辑，需要先将其栅格化以后才能进行相应的操作。

1. 栅格化文字

　　在Photoshop中经常会进行栅格化操作，如栅格化智能对象、栅格化图层样式、栅格化3D对象等。这些操作通常可将特殊对象变为普通对象。文字也是比较特殊的对象，无法直接进行形状或内部像素的更改，要想进行这些操作，需要先将文字对象转换为普通图层。此时栅格化文字就派上用场了。栅格化文字的详细操作步骤如下。

　　步骤一：打开需要的素材。

　　步骤二：单击工具箱中的"横排文字工具"，在属性栏中设置字体、字号、颜色等文字属性。选中文字图层，在图层中右击，在弹出的菜单中选择"栅格化文字"选项，如图6-85所示，就可以将文字图层转换为普通图层，如图6-86所示。

图6-85 选择"栅格化文字"选项　　　　图6-86 普通图层

2. 文字转换为形状

在Photoshop中，可以将文字转换成形状，即将文字图层转换为形状图层。转换之后，文本属性和内容不能修改，但是可以使用形状工具进行调整。

将文字转换为形状图层后，就可以使用钢笔工具组和选择工具组中的工具对文字的外形进行编辑了。由于文字对象变为了矢量对象，所以在变形过程中，文字是不会变模糊的。将文字转换为形状的详细操作步骤如下。

步骤一：打开需要的素材，单击工具箱中的"横排文字工具"，在属性栏中设置字体、字号、颜色等文字属性。选中文字图层，在图层名称上右击，在弹出的菜单中选择"转换为形状"选项，如图6-87所示，文字图层就转换为了形状图层，如图6-88所示。

图6-87　选择"转换为形状"选项

图6-88　形状图层

步骤二：在图6-88的基础上，使用"直接选择工具"调整锚点位置，或者使用钢笔工具组中的工具在形状上添加锚点并调整锚点形态（与矢量制图的方法相同），制作出形态各异的字体效果，如图6-89和图6-90所示。

图6-89　艺术字作品1

图6-90　艺术字作品2

3. 文字路径

文字路径可以用来设计各种Logo、营销图片等，尤其是需要特殊形状的文字的场景。使用文字路径的详细操作步骤如下。

步骤：获取文字对象的路径，可以通过选中文字图层并右击，在弹出的菜单中选择"创建工作路径"选项，即可得到文字的路径，如图6-91所示。得到了文字的路径后，可以对路径进行描边、填充或创建矢量蒙版等操作。

图6-91　文字的路径效果

4. 拼写检查

拼写检查用于检查当前文本中的英文单词是否存在拼写错误，对于中文，此命令是无效的。拼写检查的详细操作步骤如下。

步骤一：打开需要的素材，单击工具箱中的"横排文字工具"，在属性栏中设置字体、字号、颜色等文字属性。输入文本后，选中需要检查的文本对象，如图6-92所示。

步骤二：执行"编辑"→"拼写检查"命令，打开"拼写检查"对话框。Photoshop会自动检查，若发现错误则提供修改建议，在"拼写检查"对话框的"不在词典中"文本框中列出拼写错误的单词，在"建议"区域中列出可供修改的单词，可以从中选择正确的单词，或者直接在"更改为"文本框中输入正确的单词，如图6-93所示。

图6-92　选中需要检查的文本对象

图6-93　"拼写检查"对话框

步骤三：单击"更改"按钮，此时文档中错误的文字被更改正确，如图6-94所示，单击"完成"按钮后，在弹出的"拼写检查完成"提示框中单击"确定"按钮，如图6-95所示。

图6-94 字符更改后

图6-95 "拼写检查完成"提示框

5. 查找和替换文本

查找和替换文本可以查找当前文本中需要修改的文字、单词、标点或字符，并将其替换为指定的内容。查找和替换文本的详细操作步骤如下。

步骤一：打开需要的素材，单击工具箱中的"横排文字工具"，在属性栏中设置字体、字号、颜色等文字属性，并输入文本。

步骤二：执行"编辑"→"查找和替换文本"命令，弹出"查找和替换文本"对话框，如图6-96所示。在"查找内容"文本框中输入要被替换的内容，在"更改为"文本框中输入要替换为的内容，然后单击"查找下一个"按钮，Photoshop会搜索并突出显示查找到的内容。如果要替换所有符合要求的内容，可单击"更改全部"按钮。更换前、后的效果如图6-97和图6-98所示。已经栅格化的文字不能进行查找和替换操作。

图6-96 "查找和替换文本"对话框

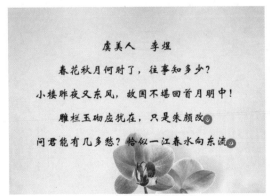

图6-97 更换前的效果

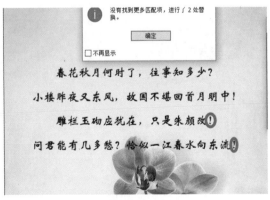

图6-98 更换后的效果

【小贴士】

　　并不是所有情况都需要单击"更改全部"按钮。

　　如果不想统一更改，而是逐一查找要更改的内容，并决定是否更改，则进行如下操作：如果需要更改，则单击"更改"按钮，即可进行修改；如不需要更改，则单击"查找下一个"按钮继续查找。

素养园地

同步实训

实训T6-1：请尝试用"项目6-素材1"里的字体图层样式设计所需要的营销图片文字。

扫码下载素材

同步测试

项目7 滤镜工具制作营销图片

重难点

❖ 了解滤镜的原理与作用
❖ 掌握智能滤镜、滤镜库的使用方法
❖ 灵活运用特殊滤镜组、风格化滤镜组制作营销图片

项目导图

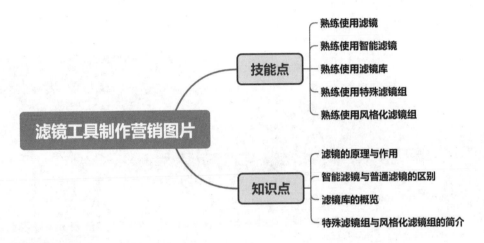

技能点
- 熟练使用滤镜
- 熟练使用智能滤镜
- 熟练使用滤镜库
- 熟练使用特殊滤镜组
- 熟练使用风格化滤镜组

滤镜工具制作营销图片

知识点
- 滤镜的原理与作用
- 智能滤镜与普通滤镜的区别
- 滤镜库的概览
- 特殊滤镜组与风格化滤镜组的简介

项目情境

滤镜原本是一种摄影器材，摄影师将其安装在镜头前来改变照片的拍摄方式，可以影响色彩或产生特殊的拍摄效果。小李要求美工助理学会利用滤镜工具制作营销图片的特效，增强图片的美观度、创意性。

任务1 智能滤镜

任务情境

随着淘宝官方活动的开展，店铺的访客数、浏览量都在周期性地增长，但是下单量、成交量增长的幅度不是很大，随即运营团队对消费者进行了营销图片的投放试验。在为期一周的直通车、淘宝客付费推广的试验之后，发现在实际推广运营中图片的点击率较低，总体效果不太好。于是，运营团队要求美工助理对图片加强视觉创意，增加图片在各个平台的点击率。

【知识链接】什么是滤镜

滤镜是Photoshop中最具吸引力的功能之一，它就像一个神奇的魔法师，随手一变，就能让普通的图像呈现令人惊叹的视觉效果。滤镜不仅用于制作各种特效，还能模拟素描、油画、水彩等绘画效果。

滤镜在Photoshop中按类别放置在菜单中，使用时只需在"滤镜"菜单中选择需要的滤镜效果即可。滤镜的操作简单，但真正用起来却很难恰到好处，通常需要同通道、图层等联合使用，才能取得最佳艺术效果。

为了更好地了解各个滤镜组的作用，"滤镜"菜单大致可以分成三个部分，各部分功能的具体解析，详见二维码内容。

"滤镜"菜单解析

1. 普通滤镜与智能滤镜

普通滤镜是通过修改像素来生成效果的。为了添加图片效果，可以选用不同滤镜进行添加。使用滤镜的详细操作步骤如下。

步骤一：打开需要的素材，原图如图7-1所示。

图7-1　原图

步骤二：执行"滤镜"→"滤镜库"命令，弹出子菜单，选择"波浪"滤镜，效果如图7-2所示。此时"背景"图层的像素被改变，如果将图像保存并关闭，就无法恢复为原来的效果了。

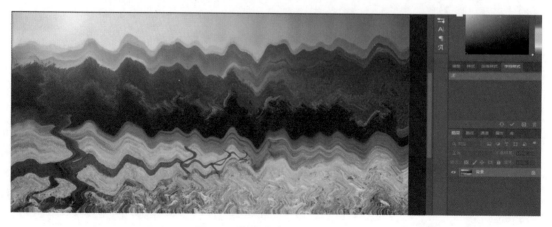

图7-2　普通滤镜处理后的效果

智能滤镜是一种非破坏性的滤镜，是将滤镜效果应用于智能对象上，不会修改图像的原始数据。使用智能滤镜的详细操作步骤如下。

步骤一：在图7-2的基础上，执行"滤镜"→"转换为智能滤镜"命令，再次加上普通滤镜，选择"波浪"滤镜，效果如图7-3所示。可以看出，与普通"波浪"滤镜的效果完全相同。

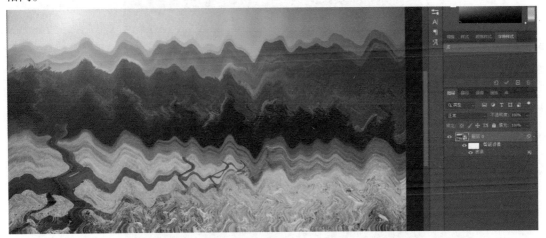

图7-3　智能滤镜处理后的效果

步骤二：智能滤镜包含一个类似于图层样式的列表，在"图层"面板的列表中显示了使用的滤镜，只要单击智能滤镜图层前面的"小眼睛"图标，就能将滤镜效果隐藏，即可显示原始图像，如图7-4所示。

图7-4　滤镜隐藏后的效果

2. 重新排列智能滤镜

当图片需要多重效果时，可以对一个图层应用多个智能滤镜，如图7-5所示。如果需要重新排列效果，可以在智能滤镜列表中上下拖动这些滤镜图层，即可重新排列其顺序，Photoshop会按照由下而上的顺序应用滤镜，图像效果会发生改变，如图7-6所示。

图7-5　滤镜顺序调整前的效果

图7-6　滤镜顺序调整后的效果

3. 复制智能滤镜

当需要复制智能滤镜时，在"图层"面板中，按住"Alt"键，将智能滤镜从一个智能对象拖动到另一个智能对象上，或者拖动到智能滤镜列表中的新位置，即可复制滤镜，如图7-7、图7-8所示。若复制某一图层的所有智能滤镜，可按住"Alt"键并拖动在智能对象图层旁边出现的智能滤镜图标，即可完成复制，如图7-9所示。

图7-7　选中滤镜所在图层

图7-8　复制至另一图层

图7-9　复制某一图层所有智能滤镜

4. 删除智能滤镜

当图片不需要任何滤镜时，可以删除智能滤镜。当删除单个智能滤镜时，可以将其拖动到"图层"面板中的"删除图层"按钮上，如图7-10所示；当删除应用于智能对象的所有智能滤镜时，可以选中该智能对象图层，执行"图层"→"智能滤镜"→"清除智能滤镜"命令，如图7-11所示，即可删除智能滤镜。

图7-10　选中需要删除的滤镜

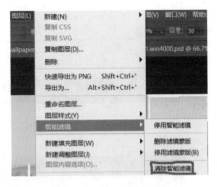

图7-11　清除智能滤镜

5. 效果图层

效果图层指的是在原图层的基础上，新建一个带有模糊、锐化等滤镜的图层，以改变图像的效果。使用效果图层的详细操作步骤如下。

步骤一：打开需要的素材，执行"滤镜"→"滤镜库"命令，在"滤镜库"中选择某个滤镜，该滤镜就会出现在对话框右下角的已应用滤镜列表中，如图7-12所示。

图7-12　选择某个滤镜

步骤二：单击"新建效果图层"按钮，可以添加一个效果图层，如图7-13所示。添加效果图层后，可以选择要应用的另一个滤镜，重复此过程可添加多个滤镜，图像效果也会变得更加丰富，如图7-14所示。

图7-13　添加效果图层

图7-14　添加多个滤镜后的效果

步骤三：滤镜的效果图层与普通图层的编辑方法相同，上下拖动效果图层可以调整其堆叠顺序，滤镜效果也会发生改变，如图7-15所示。

图7-15　更换滤镜的效果图层的顺序

任务2 模糊滤镜

任务情境

利用智能滤镜，可为促销推广图都添加一样的滤镜。当美工助理将推广图都发给运营主管之后，运营主管觉得特效单一。于是，运营主管要求美工助理将推广图的特效多元化，以引起不同类型消费者的兴趣。

【知识链接】滤镜库

滤镜库是一个整合"风格化""画笔描边""扭曲""素描"等多个滤镜组的滤镜集合，可以将多个滤镜同时应用于同一图像，也能对同一图像多次应用同一滤镜，或者用其他滤镜替换原有的滤镜。使用滤镜库的详细操作步骤如下。

打开需要的素材，执行"滤镜"→"滤镜库"命令，打开"滤镜库"，如图7-16所示。"滤镜库"中各种按钮的功能解析，详见表7-1。

图7-16 打开·"滤镜库"

表7-1 "滤镜库"中各种按钮的功能解析

序号	名称	功能解析
1	预览区	用来预览滤镜效果
2	缩放区	单击"+"按钮，可放大预览区图像的显示比例，单击"-"按钮，则缩小显示比例
3	显示/隐藏滤镜组	单击该按钮，可以隐藏滤镜组，将窗口空间留给图像预览区。再次单击则显示滤镜组
4	当前使用的滤镜	选中状态下，为当前使用的滤镜

续表

序号	名称		功能解析
5	滤镜下拉列表		在此下拉列表中可选择一个滤镜,这些滤镜是按照滤镜名称拼音的先后顺序排列的,如果想使用某个滤镜,但不知道它在哪个滤镜组,便可以在该下拉列表中查找
6	参数设置区		在参数设置区内可以设置该滤镜的参数选项
7	滤镜组		滤镜组共包含6组滤镜,单击一个滤镜组前的三角形按钮,可以展开该滤镜组,单击滤镜组中的滤镜即可使用该滤镜
8	已应用滤镜列表	当前选中的滤镜	显示当前选中的滤镜,单击前面"小眼睛"图标即可隐藏或显示当前滤镜效果
9		已应用但未选中的滤镜	该滤镜已应用但当前未被选中
10		隐藏的滤镜	该滤镜已应用但被隐藏
11	新建效果图层		在原来的背景图层上新建一个当前选中的滤镜图层

1. 表面模糊滤镜

当人物皮肤需要磨皮时,可以使用表面模糊滤镜。表面模糊滤镜能够在保留边缘的同时模糊图像,可用来创建特殊效果并消除杂色或颗粒。使用表面模糊滤镜的详细操作步骤如下。

步骤一:打开需要的素材,原图如图7-17所示。

步骤二:执行"滤镜"→"模糊"→"表面模糊"命令,在弹出的"表面模糊"对话框中,在"半径"文本框内输入数值"15",在"阈值"文本框内输入数值"30",单击"确定"按钮,效果如图7-18所示。

图7-17 原图

图7-18 "表面模糊"对话框与滤镜效果

【小贴士】"表面模糊"对话框解析

"表面模糊"对话框里的"半径"用来指定模糊取样区域的大小,"阈值"用来控制相邻像素色调值与中心像素色调值相差多大时才能成为模糊的一部分,色调值差小于"阈值"的像素则不在模糊范围内。

2. 动感模糊滤镜

动感模糊滤镜可以根据制作效果的需要沿着指定方向（−360°至360°）、以指定强度（1至999）模糊图像，产生的效果类似以固定的曝光时间给一个移动的对象拍照，在表现对象的速度感时经常用到该滤镜。使用动感模糊滤镜的详细操作步骤如下。

步骤：在图7-17的基础上，执行"滤镜"→"模糊"→"动感模糊"命令，弹出"动感模糊"对话框，如图7-19所示，在"角度"文本框内输入数值"0"度，在"距离"文本框内输入数值"50"像素，单击"确定"按钮，效果如图7-20所示。

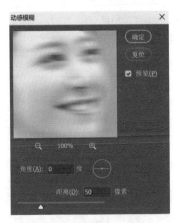

图7-19　"动感模糊"对话框

图7-20　动感模糊滤镜效果

【小贴士】"动感模糊"对话框解析

"动感模糊"对话框中的"角度"用来设置模糊的方向，"距离"用来设置像素模糊的程度。

3. 方框模糊滤镜

方框模糊滤镜可以基于相邻像素的平均色调值来模糊图像，生成类似于方块状的特殊模糊效果。使用方框模糊滤镜的详细操作步骤如下。

步骤：在图7-17的基础上，执行"滤镜"→"模糊"→"方框模糊"命令，弹出"方框模糊"对话框，在"半径"文本框内输入数值"10"像素，如图7-21所示，单击"确定"按钮，效果如图7-22所示。

图7-21　"方框模糊"对话框

图7-22　方框模糊滤镜效果

【小贴士】"方框模糊"对话框解析 ┈┈┈┈┈┈┈┈┈┈┈┈┈┈┈┈┈┈┈┈

　　"方框模糊"对话框中的"半径"可以调整给定像素平均值的区域大小。

4. 高斯模糊滤镜

　　高斯模糊滤镜可以添加低频细节，使图像产生一种朦胧效果。使用高斯模糊滤镜的详细操作步骤如下。

　　步骤：在图7-17的基础上，执行"滤镜"→"模糊"→"高斯模糊"命令，弹出"高斯模糊"对话框，在"半径"文本框内输入数值"9.2"像素，如图7-23所示，单击"确定"按钮，效果如图7-24所示。

图7-23　"高斯模糊"对话框　　　　　　图7-24　高斯模糊滤镜效果

【小贴士】"高斯模糊"对话框解析 ┈┈┈┈┈┈┈┈┈┈┈┈┈┈┈┈┈┈┈┈

　　"高斯模糊"对话框中的"半径"可以设置模糊的范围，以像素为单位，数值越高，模糊效果越强烈。

5. 模糊滤镜和进一步模糊滤镜

　　模糊滤镜和进一步模糊滤镜都是对图像进行轻微模糊的滤镜，可以在图像中有显著颜色变化的地方消除杂色。模糊滤镜对于边缘过于清晰、对比度过于强烈的区域进行光滑处理，生成极轻微的模糊效果；进一步模糊滤镜生成的效果比模糊滤镜强3～4倍。使用模糊滤镜和进一步模糊滤镜的详细操作步骤如下。

　　步骤一：在图7-17的基础上，执行"滤镜"→"模糊"→"模糊"命令，效果如图7-25所示。

　　步骤二：在图7-17的基础上，执行"滤镜"→"模糊"→"进一步模糊"命令，效果如图7-26所示。

图7-25 模糊滤镜效果

图7-26 进一步模糊滤镜效果

【小贴士】

模糊滤镜和进一步模糊滤镜都没有参数设置对话框。

6. 径向模糊滤镜

径向模糊滤镜可以模拟缩放或旋转的相机所产生的模糊效果。使用径向模糊滤镜的详细操作步骤如下。

步骤一：打开需要的素材，原图如图7-27所示。

步骤二：执行"滤镜"→"模糊"→"径向模糊"命令，弹出"径向模糊"对话框，在"数量"文本框中输入数值"50"，在"模糊方法"选区内选择"旋转"选项，在"品质"选区内选择"好"选项，单击"确定"按钮，如图7-28所示，完成滤镜效果。其中，"数量"用来设置模糊的强度，该值越高，模糊效果越强烈。"品质"用来设置应用模糊效果后图像的显示品质。选择"草图"，处理的速度最快，但会产生颗粒状效果；选择"好"和"最好"都可以产生较为平滑的效果。

图7-27 原图

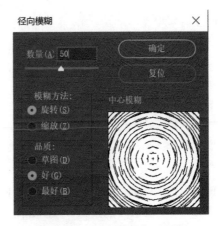

图7-28 "径向模糊"对话框

步骤三：选择模拟方法。在"径向模糊"对话框中，若在"模糊方法"选区内选择"旋转"选项，则图像会沿以中心为圆点的同心圆环线产生旋转的模糊效果，如图7-29所示；若在"模糊方法"选区内选择"缩放"选项，则会产生放射状模糊效果，如图7-30所示。

图7-29　旋转模糊效果

图7-30　缩放模糊效果

步骤四：使用中心模糊。在"径向模糊"对话框中，在"中心模糊"区域内单击，可以自定义模糊的原点，如图7-31所示。原点位置不同，模糊中心也不同，单击"确定"按钮，效果如图7-32所示。

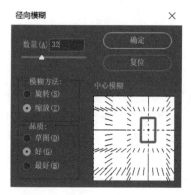

图7-31　"径向模糊"对话框

图7-32　不同模糊中心的效果

【小贴士】

使用径向模糊滤镜处理图像时，需要进行大量的计算，若图像的尺寸较大，可以先设置较低的"品质"来观察效果，在确认最终效果后，再提高"品质"来处理。

7. 镜头模糊滤镜

摄影爱好者对"大光圈"这个词肯定不陌生，使用大光圈镜头可以获得拍摄主体清晰、背景虚化柔和的效果，也就是浅景深效果，在拍摄人像或景物时常用。在Photoshop中，镜头模糊滤镜能模仿出非常逼真的浅景深效果。使用镜头模糊滤镜的详细操作步骤如下。

步骤一：打开需要的素材，原图如图7-33所示。

步骤二：执行"滤镜"→"模糊"→"镜头模糊"命令，在弹出的"镜头模糊"对话框中，将"光圈"区域中的"半径"设置为"23"，将"镜面高光"区域中的"亮度"设置为"13"，将"杂色"区域中的"数量"设置为"5"，单击"确定"按钮，完成滤镜效果，效果如图7-34所示。

图7-33　原图

图7-34　镜头模糊滤镜效果

【小贴士】"镜头模糊"对话框解析

"镜头模糊"对话框解析

8. 平均滤镜

平均滤镜常用于提取画面中颜色的平均值，也可以查找图像或选区的平均颜色，并使用该颜色填充图像或选区，以创建平滑的外观效果。使用平均滤镜的详细操作步骤如下。

步骤一：打开需要的素材，原图如图7-35所示。

步骤二：在"图层"面板中单击"创建新图层"按钮。在工具箱中选择"矩形选框工具"，绘制一个矩形选区。执行"滤镜"→"模糊"→"平均"命令，效果如图7-36所示。

图7-35　原图

图7-36　平均滤镜效果

9. 特殊模糊滤镜

特殊模糊滤镜提供了半径、阈值和模糊品质等设置选项，可以精确地模糊图像。常用于模糊画面中的褶皱、重叠的边缘，还可以进行图像降噪处理。特殊模糊滤镜只对有微弱颜色变化的区域进行模糊，模糊效果细腻。添加该滤镜后既能够在最大程度上保留画面内容的真实形态，又能够使小的细节变得柔和。使用特殊模糊滤镜的详细操作步骤如下。

步骤一：打开需要的素材，在"图层"面板中单击"创建新图层"按钮，在工具箱中选择"矩形选框工具"，绘制一个矩形选区，如图7-37所示。

步骤二：执行"滤镜"→"模糊"→"特殊模糊"命令，弹出"特殊模糊"对话框，在"半径"文本框内输入数值"5.0"，在"阈值"文本框内输入数值"25.0"，在"品质"下拉列表选择"低"选项，在"模式"下拉列表选择"正常"选项，单击"确定"按钮，如图7-38所示。半径用来设置要应用模糊的范围，阈值用来设置像素具有多大数值的差异后才会被模糊处理。

图7-37　绘制矩形选区

图7-38　"特殊模糊"对话框

步骤三：选择其他模式。在"模式"下拉列表中选择"正常"选项，不会在图像中添加任何特殊效果，如图7-39所示；选择"仅限边缘"选项，将以黑色显示图像，以白色描绘出图像边缘像素亮度值变化强烈的区域，如图7-40所示；选择"叠加边缘"选项，将以白色描绘出图像边缘像素亮度值变化强烈的区域，如图7-41所示。

图7-39　选择"正常"选项后的效果

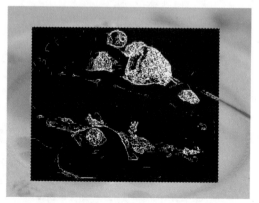

图7-40　选择"仅限边缘"选项后的效果

图7-41　选择"叠加边缘"选项后的效果

10. 形状模糊滤镜

形状模糊滤镜可以使用指定的形状创建特殊的
模糊效果。在"形状模糊"对话框中，"半径"用
来调整形状的大小，数值越大，模糊效果越好。在
形状列表中选择一个形状，可以使用该形状来模糊
图像。单击形状列表右侧的图标，可以载入预设的
形状或外部的形状。使用形状模糊滤镜的详细操作
步骤如下。

图7-42　原图

步骤一：打开需要的素材，原图如图7-42所示。

步骤二：执行"滤镜"→"模糊"→"形状模
糊"命令，弹出"形状模糊"对话框，如图7-43所示，在"半径"文本框内输入数值"50"像
素，选择合适的"形状"，单击"确定"按钮，效果如图7-44所示。

图7-43　"形状模糊"对话框

图7-44　形状模糊滤镜效果

11. 场景模糊滤镜

场景模糊滤镜可以在画面中的不同位置添加多个控制点，并对每个控制点设置不同的模糊数值，这样就能使画面中的不同部分产生不同的模糊效果。使用场景模糊滤镜的详细操作步骤如下。

步骤一：打开需要的素材，原图如图7-45所示。

图7-45　原图

步骤二：执行"滤镜"→"模糊画廊"→"场景模糊"命令，打开"场景模糊"对话框。在默认情况下，在画面的中央位置会出现控制点，这个控制点用来控制模糊位置。在对话框的右侧通过设置"模糊"数值控制模糊的强度，如图7-46所示。

图7-46　"场景模糊"对话框

步骤三：控制点的位置可以进行调整，直接拖动即可。在此将控制点移动到图像中男士面部的位置，因为这个位置不需要被模糊，所以设置"模糊"为"0像素"，如图7-47所示。接着将鼠标指针移动到需要模糊的地方单击，即可添加"控制点"，然后设置合适的"模糊"数值，如图7-48所示。

图7-47　移动"控制点"

图7-48　添加"控制点"

步骤四：继续添加"控制点"，设置合适的"模糊"数值。需要注意"近大远小"的规律，越远的地方模糊程度就越大。最后单击对话框上方的"确定"按钮，效果如图7-49所示。

图7-49　场景模糊滤镜效果

12. 光圈模糊滤镜

光圈模糊滤镜是一个单点模糊滤镜，可以根据不同的要求对焦点（也就是画面中清晰的部分）的大小与形状、图像其余部分的模糊数量，以及清晰区域与模糊区域之间的过渡效果进行相应的设置。使用光圈模糊滤镜的详细操作步骤如下。

步骤一：打开需要的素材，原图如图7-50所示。

步骤二：执行"滤镜"→"模糊画廊"→"光圈模糊"命令，可以看到画面中出现控制点及光圈，该光圈以外的区域为被模糊的区域。在界面的右侧可以设置模糊的程度，如图7-51所示。

图7-50 原图

图7-51 "光圈模糊"滤镜设置界面

步骤三：拖动光圈右上角的控制点即可改变光圈的形状，如图7-52所示。拖动光圈内侧的中心点可以调整模糊过渡的效果，如图7-53所示。

图7-52 改变光圈的形状

图7-53 调整模糊过渡的效果

步骤四：拖动光圈上的控制点可以将光圈进行旋转，如图7-54所示。拖动中心点可以调整模糊的位置，如图7-55所示。

步骤五：设置完成后，单击"确定"按钮，效果如图7-56所示。

图7-54　将光圈进行旋转

图7-55　调整模糊的位置

图7-56　光圈模糊效果

13. 移轴模糊滤镜

移轴模糊滤镜是一种特殊的摄影类型，从画面上看所拍摄的照片效果就像缩微模型一样，泛指利用移轴镜头创作的作品。使用移轴模糊滤镜的详细操作步骤如下。

步骤一：打开需要的素材，原图如图7-57所示。

步骤二：执行"滤镜"→"模糊"→"移轴模糊"命令，弹出"移轴模糊"滤镜设置界面，在其右侧控制模糊的强度，在"模糊"文本框内输入数值"15像素"，在"扭曲度"文本框内输入数值"0%"，单击"确定"按钮，完成滤镜设置，效果如图7-58所示。

图7-57　原图

图7-58　"移轴模糊"滤镜设置界面

步骤三：想要调整画面中清晰区域的范围，可以拖动"中心点"，改变其位置，如图7-59所示。拖动上下两端的"虚线"可以调整清晰和模糊范围的过渡效果，如图7-60所示。

图7-59 "中心点"

图7-60 "虚线"

步骤四：拖动实线上圆形的控制点可以选旋转控制框，如图7-61所示。参数调整完成后单击"确定"按钮，效果如图7-62所示。

图7-61 旋转控制框

图7-62 移轴模糊滤镜效果

任务3 特殊滤镜

任务情境

小李打算给视觉工作室团队做一些宣传图，美工助理拿起手机从不同的角度对公司所在外景进行了拍摄，发现有些图片出现了倾斜、变形、失光等问题。于是，美工助理通过特殊滤镜进行调整。

1. 自适应广角滤镜

当图片出现广角畸形时，可以使用自适应广角滤镜，该滤镜为Photoshop CS6版本以后的新增功能，可以对广角、超广角及鱼眼效果进行变形校正。使用自适应广角滤镜的详细操作步骤如下。

步骤一：打开需要的素材，可以看出图中的建筑存在变形，原图如图7-63所示。

步骤二：执行"滤镜"→"自适应广角"命令，弹出"自适应广角"对话框，在"校正"下拉列表中可以选择校正的类

图7-63 原图

型，包含"鱼眼""透视""自动""完整球面"四种。选择相应的校正方式，即可对图像进行自动校正，如图7-64所示。

图7-64 "自适应广角"对话框

步骤三：单击左侧"约束工具"，然后在图像中有畸变的位置，沿着场景边缘画一条直线，如图7-65所示。

步骤四：继续使用"约束工具"，按照在照片中的畸变位置对图像线条进行纠正，如图7-66所示。纠正完成后，图像整体会因为约束工具的线段使得图像的边角出现变形或扭曲的情况，这属于正常现象，单击"确定"按钮，返回主界面，使用裁切工具将多余的部分进行裁切即可，效果如图7-67所示。

图7-65 画出畸变位置的线条

图7-66 图像纠正

图7-67　纠正后的效果

【小贴士】"自适应广角"对话框解析

"自适应广角"对话框解析

2. 镜头校正滤镜

在使用相机拍摄照片时，可能出现扭曲、歪斜、四角失色等现象，使用镜头校正滤镜可以校正这一系列问题，详细操作步骤如下。

步骤一：打开需要的素材，从中可以看出四角有失光的现象，原图如图7-68所示。

图7-68　原图

步骤二：执行"滤镜"→"镜头校正"命令，在弹出的"镜头校正"对话框中，选择"自定"选项卡，将"移去扭曲"滑块或数值设置为"-15.00"，此时可以在左侧的预览窗口中查看效果，如图7-69所示。

图7-69　"镜头校正"对话框

步骤三：在"晕影"区域的"数量"文本框内输入"+50"，此时可以看到四角的亮度提高了，设置完成后单击"确定"按钮，效果如图7-70所示。

图7-70　镜头校正滤镜效果

【小贴士】"镜头校正"对话框解析

"镜头校正"对话框解析

3. 液化滤镜

液化滤镜主要用来制作图像的变形效果，就如同刚画好的油画，用手指推一下画面中的油彩，就能使图像内容发生变形。液化滤镜主要应用在两个方面：第一个方面，更改图像的形态；第二个方面，修饰人像面部及身形。使用液化滤镜的详细操作步骤如下。

（1）液化滤镜的普通工具

步骤一：打开需要的素材，原图如图7-71所示。

图7-71　原图

步骤二：执行"滤镜"→"液化"命令。在弹出的"液化"对话框中，单击左侧"向前变形工具"，在对话框的右侧"画笔工具选项"设置合适的画笔"大小"（通常会将笔尖调大一些，这样变形后的效果更加自然）如图7-72所示。接着将鼠标指针移动至图像猫的嘴角处，向上拖动。

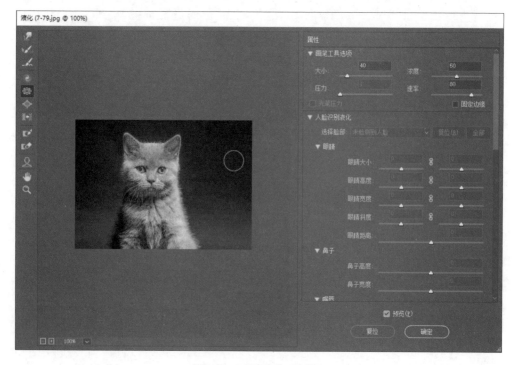

图7-72　"液化"对话框

步骤三：在变形的过程中难免会影响周围的像素，可以使"冻结蒙版工具"将猫嘴周边的像素"保护"起来以免被"破坏"。单击"液化"对话框左侧"冻结蒙版工具"，设置合适的笔尖大小，然后在猫嘴周围涂抹，红色区域为被保护的区域，如图7-73所示。然后单击"向前变形工具"进行变形，如图7-74所示。此时若有错误操作，可以使用对话框左侧"重建工具"在错误操作处涂抹，将其进行还原。

图7-73　使用"冻结蒙版工具"

图7-74　使用"向前变形工具"

步骤四：调整完成后蒙版就不需要了，使用"解冻蒙版工具"将蒙版擦除，选中后直接拖动即可，如图7-75所示，最终效果如图7-76所示。

图7-75　使用"解冻蒙版工具"

图7-76　液化滤镜效果

【小贴士】向前变形工具

向前变形工具

（2）液化滤镜的其他工具

步骤一：打开需要的素材，重复上述操作，打开"液化"对话框，在左侧选择"顺时针旋转扭曲工具"，将鼠标指针移动到画面中，长按即可顺时针旋转像素，如图7-77所示。按住"Alt"键进行操作，则可以逆时针旋转像素，如图7-78所示。

图7-77　顺时针旋转像素

图7-78　逆时针旋转像素

　　步骤二：褶皱工具可以使像素向画笔区域的中心移动，使图像产生内缩效果。在图7-78的基础上，单击"褶皱工具"，效果如图7-79所示。

　　步骤三：在图7-77的基础上，单击"左推工具"，从上至下拖动，实现像素向左移动，如图7-80所示。反之，像素则向右移动，如图7-81所示。

图7-79　使用"褶皱工具"

图7-80　左移动

图7-81　右移动

任务4　风格化滤镜

任务情境

　　为了成为一名优秀的美工人员，美工助理要进一步了解各种特效的区别，于是美工助理努力学习提升。

　　【知识链接】风格化组滤镜概览

　　风格化滤镜组中包含8种滤镜，可以置换像素、查找并增加图像的对比度，产生绘画和印象派风格效果。

　　执行"滤镜"→"风格化"命令，在弹出的子菜单中可以看到多种滤镜，如图7-82所示。

图7-82　风格化滤镜组

1. 查找边缘滤镜

查找边缘滤镜能自动搜索图像像素中对比度变化剧烈的边界，将高反差区变亮，低反差区变暗，其他区域则是介于两者之间，硬边变成线条，而软边变粗，形成一个清晰的轮廓。使用查找边缘滤镜的详细操作步骤如下。

步骤一：打开需要的素材，原图如图7-83所示。

步骤二：执行"滤镜"→"风格化"→"查找边缘"命令，该滤镜无对话框，效果如图7-84所示。

图7-83　原图

图7-84　查找边缘滤镜效果

2. 等高线滤镜

等高线滤镜可以进行主要亮度区的转换，并为每个颜色通道淡淡地勾勒出主要亮度区域，以获得与等高线图的线条类似的效果。使用等高线滤镜的详细操作步骤如下。

步骤：在图7-83的基础上，执行"滤镜"→"风格化"→"等高线"命令，弹出"等高线"对话框，如图7-85所示。在"色阶"文本框内输入数值"128"，在"边缘"选区内选择"较高"选项，单击"确定"按钮，完成滤镜效果，如图7-86所示。

图7-85 "等高线"对话框

图7-86 等高线滤镜效果

3. 风滤镜

风滤镜可在图像中增加一些细小的水平线来模拟风吹效果，该滤镜只在水平方向起作用，要产生其他方向的风吹效果，需要先将图像旋转，再使用此滤镜。使用风滤镜的详细操作步骤如下。

步骤：在图7-83的基础上，执行"滤镜"→"风格化"→"风"命令，弹出"风"对话框，如图7-87所示。在"方法"区域内选择"风"选项，在"方向"区域内选择"从右"选项，单击"确定"按钮，完成滤镜效果，如图7-88所示。

图7-87 "风"对话框

图7-88 风滤镜效果

【小贴士】"风"对话框解析

"风"对话框中的"方法"可选择3种类型的风，包括"风""大风"和"飓风"；"方向"可设置风源的方向，即从右向左吹，或者从左向右吹。

4. 浮雕效果滤镜

浮雕效果滤镜可通过勾画图像或选区的轮廓和降低周围色值来生成凸起或凹陷的浮雕效果。使用浮雕效果滤镜的详细操作步骤如下。

步骤：在图7-83的基础上，执行"滤镜"→"风格化"→"浮雕效果"命令，弹出"浮雕效果"对话框，如图7-89所示。在"角度"文本框内输入数值"135"，在"高度"文本框内输入数值"3"，在"数量"文本框内输入数值"100"，单击"确定"按钮，完成滤镜效果，如图7-90所示。

【小贴士】"浮雕效果"对话框解析

"浮雕效果"对话框中的"角度"是用来设置照射浮雕的光线角度，会影响浮雕的凸出位置；"高度"是用来设置浮雕效果凸起的高度；"数量"是用来设置浮雕滤镜的作用范围，该值越高边界越清晰，小于"40%"时，整个图像会变大。

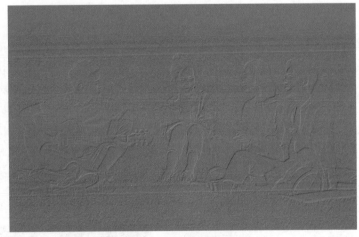

图7-89 "浮雕效果"对话框　　　　图7-90 浮雕效果滤镜效果

5. 扩散滤镜

扩散滤镜可以使图像中相邻像素按规定的方式移动，使图像扩散，形成一种类似于透过磨砂玻璃观察对象时的分离模糊效果。使用扩散滤镜的详细操作步骤如下。

步骤：在图7-83的基础上，执行"滤镜"→"风格化"→"扩散"命令，弹出"扩散"对话框，如图7-91所示。在"模式"区域内选择"正常"选项，单击"确定"按钮，完成滤镜效果，如图7-92所示。

图7-91　"扩散"对话框

图7-92　扩散滤镜效果

【小贴士】"扩散"对话框解析

"扩散"对话框中的"正常"选项是将图像的所有区域都进行扩散处理，与图像的颜色值没有关系；"变暗优先"选项是用较暗的像素替换亮的像素，使暗部像素扩散；"变亮优先"选项是用较亮的像素替换暗的像素，使亮部像素扩散；"各向异性"选项是在颜色变化最小的方向上扩散像素。

6. 拼贴滤镜

拼贴滤镜可根据指定的值将图像分为块状，并使其偏离其原来的位置，产生类似不规则瓷砖拼凑的图像效果，该滤镜会在各砖块之间生成一定的空隙，可以在"填充空白区域用"区域内选择空隙中使用什么样的内容填充。使用拼贴滤镜的详细操作步骤如下。

步骤：在图7-83的基础上，执行"滤镜"→"风格化"→"拼贴"命令，弹出"拼贴"对话框，如图7-93所示。在"拼贴数"文本框内输入数值"10"，在"最大位移"文本框内输入数值"10"，在"填充空白区域用"区域内选择"背景色"选项，单击"确定"按钮，效果如图7-94所示。

图7-93　"拼贴"对话框

图7-94　拼贴滤镜效果

【小贴士】"拼贴"对话框解析

"拼贴"对话框中的"拼贴数"用于设置图像纵向拼贴块的数量；"最大位移"用于设置拼贴块的间隙。

7. 曝光过度滤镜

曝光过度滤镜可以混合负片和正片图像，模拟出在摄影过程中增加光线强度而产生的过度曝光效果。使用曝光过度滤镜的详细操作步骤如下。

步骤：在图7-83的基础上，执行"滤镜"→"风格化"→"曝光过度"命令，该滤镜无对话框，效果如图7-95所示。

图7-95　曝光过度滤镜效果

8. 凸出滤镜

凸出滤镜可以将图像分为一系列大小相同且有机重叠放置的立方体或锥体，产生特殊的3D效果。使用凸出滤镜的详细操作步骤如下。

（1）"块"类型效果

步骤：在图7-83的基础上，执行"滤镜"→"风格化"→"凸出"命令，弹出"凸出"对话框，如图7-96所示。在"类型"区域内选择"块"选项，在"大小"文本框内输入数值"30"，在"深度"文本框内输入数值"30"，单击"确定"按钮，完成滤镜效果，如图7-97所示。

图7-96　"凸出"对话框

（2）"金字塔"类型效果

步骤一：在图7-83的基础上，执行"滤镜"→"风格化"→"凸出"命令，弹出"凸出"对话框，在"类型"区域选择"金字塔"选项，则创建出相交于一点的锥体的效果，如图7-98所示。

图7-97　凸出滤镜中"块"类型效果

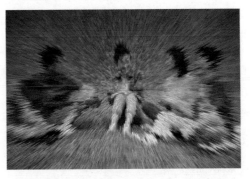

图7-98　凸出滤镜中"金字塔"类型效果

步骤二：设置立方体正面。在图7-83的基础上，执行"滤镜"→"风格化"→"凸出"命令，在弹出的"凸出"对话框中，选中"立方体正面"复选框，单击"确定"按钮，效果如图7-99所示。

步骤三：设置蒙版不完整块。在图7-83的基础上，执行"滤镜"→"风格化"→"凸出"命令，在弹出的"凸出"对话框中，选中"蒙版不完整块"复选框，单击"确定"按钮，效果如图7-100所示。

图7-99　选中"立方体正面"复选框的效果　　　　图7-100　选中"蒙版不完整块"复选框的效果

【小贴士】"凸出"对话框解析

"凸出"对话框中的"大小"用来设置立方体或锥体的大小，该值越高，生成的立方体或锥体越大；"深度"用来设置突出对象的高度，"随机"表示为每个立方体或锥体设置一个任意的深度，"基于色阶"表示使每个对象的深度与其亮度对应，越亮凸出得越多。

任务5　像素化和渲染滤镜

任务情境

像素化滤镜组用于创建彩块、点状、晶格和马赛克等特殊效果。小李要求美工助理打造部分营销图片的点状或马赛克效果。

【知识链接】像素化滤镜组

像素化滤镜组中包含7种滤镜。执行"滤镜"→"像素化"命令，在弹出的子菜单中有多种滤镜，如图7-101所示。该滤镜组可以通过使单元格中颜色值相近的像素结成块来清晰地定义选区，可用于创建彩块、点状、晶格和马赛克等特殊效果。

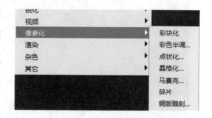

1. 彩块化滤镜

图7-101　像素化滤镜组

彩块化滤镜可以使纯色或相近颜色的像素结成像素块，使用该滤镜处理图像时，可以使其看起来像手绘的图像。使用彩块化滤镜的详细操作步骤如下。

步骤一：打开需要的素材，原图如图7-102所示。

步骤二：执行"滤镜"→"像素化"→"彩块化"命令，该滤镜无对话框，效果如图7-103所示。

图7-102　原图

图7-103　彩块化滤镜效果

2. 彩色半调滤镜

彩色半调滤镜可以模拟图像在每个通道上使用放大的半调网屏的效果。使用彩色半调滤镜的详细操作步骤如下。

步骤一：在图7-102的基础上，执行"滤镜"→"像素化"→"彩色半调"命令，弹出"彩色半调"对话框，在"最大半径"文本框内输入数值"8"，在"网角（度）"区域内的文本框分别输入数值"108""162""90""45"，如图7-104所示，单击"确定"按钮，效果如图7-105所示。

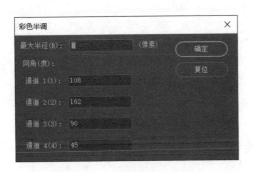

图7-104　"彩色半调"对话框

图7-105　彩色半调滤镜效果

步骤二：再次执行"滤镜"→"像素化"→"彩色半调"命令，弹出"彩色半调"对话框，在"最大半径"文本框内分别输入"4"和"10"，单击"确定"按钮，效果分别如图7-106和图7-107所示。

图7-106　"最大半径"为"4"的效果

图7-107　"最大半径"为"10"的效果

3. 点状化滤镜

点状化滤镜可以将图像中的颜色分散为随机分布的网点，形成类似点状绘图的效果，背景色将作为网点之间的颜色。使用点状化滤镜的详细操作步骤如下。

步骤一：在图7-102的基础上，执行"滤镜"→"像素化"→"点状化"命令，弹出"点状化"对话框，如图7-108所示。在"单元格大小"文本框中输入数值"5"，单击"确定"按钮，效果如图7-109所示。

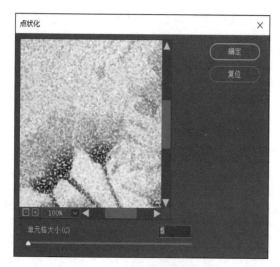

图7-108　"点状化"对话框

图7-109　点状化滤镜效果

步骤二：再次执行"滤镜"→"像素化"→"点状化"命令。在"点状化"对话框中，在"单元格大小"文本框中分别输入"5"和"10"，单击"确定"按钮，效果分别如图7-110和图7-111所示。

图7-110　"单元格大小"为"5"的效果　　　　图7-111　"单元格大小"为"10"的效果

4. 晶格化滤镜

晶格化滤镜可以使图像中相近的像素集中到多边形色块中，产生类似结晶颗粒的效果。使用晶格化滤镜的详细操作步骤如下。

步骤一：在图7-102的基础上，执行"滤镜"→"像素化"→"晶格化"命令，弹出"晶格化"对话框，如图7-112所示。在"单元格大小"文本框中输入数值"10"，单击"确定"按钮，效果如图7-113所示。

图7-112　"晶格化"对话框　　　　　　图7-113　晶格化滤镜效果

步骤二：再次执行"滤镜"→"像素化"→"晶格化"命令，在弹出的"晶格化"对话框中，在"单元格大小"文本框分别输入"5"和"15"，单击"确定"按钮，效果分别如图7-114和图7-115所示。

图7-114　"单元格大小"为"5"的效果　　　　图7-115　"单元格大小"为"15"的效果

5. 马赛克滤镜

马赛克滤镜常用于隐藏画面中的局部信息，也可以用来制作一些特殊的图案效果。使用马赛克滤镜的详细操作步骤如下。

步骤一：在图7-102的基础上，执行"滤镜"→"像素化"→"马赛克"命令，弹出"马赛克"对话框，如图7-116所示。在"单元格大小"文本框中输入数值"10"，单击"确定"按钮，效果如图7-117所示。

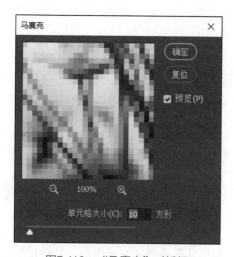 

图7-116　"马赛克"对话框　　　　　　　　图7-117　马赛克滤镜效果

步骤二：再次执行"滤镜"→"像素化"→"马赛克"命令，弹出"马赛克"对话框，在"单元格大小"文本框中分别输入"5"和"15"，单击"确定"按钮，效果分别如图7-118和图7-119所示。

图7-118 "单元格大小"为"5"的效果

图7-119 "单元格大小"为"15"的效果

6. 碎片滤镜

碎片滤镜可以把图像的像素复制4次，再将其平均，并使其相互偏移，使图像产生一种类似相机没有对准焦距所拍摄出的模糊效果图像。使用碎片滤镜的详细操作步骤如下。

步骤：在图7-102的基础上，执行"滤镜"→"像素化"→"碎片"命令，该滤镜没有对话框，效果如图7-120所示。

图7-120 碎片滤镜效果

7. 铜版雕刻滤镜

铜版雕刻滤镜可以将图像转换为由黑白像素和完全饱和的纯色像素组合成的图像效果，也可以在图像中随机生成各种不规则的直线、曲线和斑点，使图像产生金属板的效果。使用铜版雕刻滤镜的详细操作步骤如下。

步骤：在图7-102的基础上，执行"滤镜"→"像素化"→"铜版雕刻"命令，弹出"铜版雕刻"对话框，如图7-121所示。在"类型"下拉列表中选择不同类型，单击"确定"按钮，效果分别如图7-122、图7-123、图7-124所示。

图7-121 "铜版雕刻"对话框

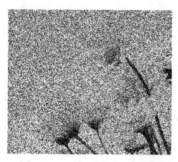

图7-122 "精细点"类型效果　　图7-123 "短直线"类型效果　　图7-124 "短描边"类型效果

【知识链接】渲染滤镜组

执行"滤镜"→"渲染"命令，在弹出的子菜单中有5种滤镜，如图7-125所示。这些滤镜可以在图像中创建光照、3D、云彩图案、折射图案、模拟的光反射等效果，是非常重要的特效制作滤镜。

图7-125 渲染滤镜组

8. 分层云彩滤镜

分层云彩滤镜可以将云彩数据和现有的像素混合，其方式与差值颜色混合模式的方式相似，也可以结合其他技术制作火焰、闪电等特效。使用分层云彩滤镜的详细操作步骤如下。

步骤一：打开需要的素材，原图如图7-126所示。

步骤二：执行"滤镜"→"渲染"→"分层云彩"命令，该滤镜没有对话框，首次应用该滤镜时，图像的某些部分会被反相成云彩图案，效果如图7-127所示。

图7-126 原图

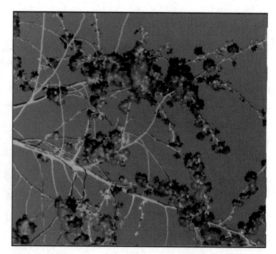

图7-127 "分层云彩"滤镜效果

9. 镜头光晕滤镜

镜头光晕滤镜可以模拟亮光照射到相机镜头所产生的折射效果，常用来表现玻璃、金属等反射的反射光，或者用来增强日光和灯光的效果。使用镜头光晕滤镜的详细操作步骤如下。

步骤一：打开需要的素材，原图如图7-128所示。

步骤二：执行"滤镜"→"渲染"→"镜头光晕"命令，弹出"镜头光晕"对话框，如图7-129所示。

图7-128　原图　　　　　　　　图7-129　"镜头光晕"对话框

步骤三：在"镜头光晕"对话框中，在"亮度"文本框中分别输入"100%"和"200%"，单击"确定"按钮，效果分别如图7-130和图7-131所示。镜头光晕中的预览窗口可以通过拖动"十"字光标来调整光晕的位置。亮度是用来控制镜头光晕的亮度，其取值范围为10%～300%。

图7-130　亮度为"100%"的效果　　　　图7-131　亮度为"200%"的效果

【**小贴士**】镜头类型

　　"镜头光晕"对话框中的"镜头类型"用来选择镜头光晕的类型，包括"50-300毫米变焦""35毫米聚焦""105毫米聚焦"和"电影镜头"，4种类型效果分别如图7-132～图7-135所示。

图7-132　"50-300毫米变焦"效果

图7-133　"35毫米聚焦"效果

图7-134　"105毫米聚焦"效果

图7-135　"电影镜头"效果

10. 纤维滤镜

　　纤维滤镜可以在空白图层上根据前景色和背景色创建出纤维感的双色图案。使用纤维滤镜的详细操作步骤如下。

　　步骤一：单击工具箱中的"设置前景色"，弹出"拾色器（前景色）"对话框，在左侧颜色区域选择红色，单击"确定"按钮。单击"图层"面板的"创建新图层"按钮，使用快捷键"Alt+Delete"填充前景色。

　　步骤二：执行"滤镜"→"渲染"→"纤维"命令，弹出"纤维"对话框，如图7-136所示。在"差异"文本框内输入数值"16"，在"强度"文本框内输入数值"4"，单击"确定"按钮，效果如图7-137所示。

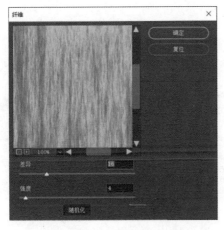

图7-136　"纤维"对话框

图7-137　纤维滤镜效果

步骤三："纤维"对话框中的"强度"是用来设置纤维外观的明显程度，数值越高强度越大。在"强度"文本框中分别输入"5"和"15"，效果如图7-138和图7-139所示。

图7-138　"强度"为"5"的效果

图7-139　"强度"为"15"的效果

步骤四：单击"纤维"对话框中的"随机化"按钮，可以随机生成新的纤维。单击"随机化"按钮后，效果如图7-140所示。

11. 云彩滤镜

云彩滤镜是使用介于前景色与背景色之间的随机值，生成柔和的云彩图案，使用云彩滤镜的详细操作步骤如下。

步骤一：打开需要的素材，新建一个图层，分别设置前景色与背景色为黑色与白色（因为黑色部分可以通过图层的"滤色"混合模式去掉，而其他颜色则不行），如图7-141所示。

步骤二：执行"滤镜"→"渲染"→"云彩"命

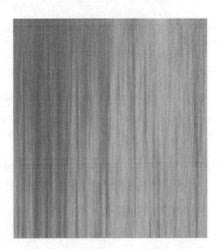

图7-140　单击"随机化"按钮后的
效果

令，该滤镜没有参数设置对话框，效果如图7-142所示。

图7-141　设置"前景色"和"背景色"

图7-142　云彩滤镜效果

步骤三：单击背景图层，将"图层"面板的"设置图层的混合模式"下拉列表设置为"滤色"，此时画面中只保留了白色的雾气。为了让雾气更加自然，可以适当降低"不透明度"，如图7-143所示。使用"橡皮擦工具"擦除挡住主体物的"雾气"，最终效果如图7-144所示。

图7-143　降低不透明度

图7-144　最终效果

12. 光照效果滤镜

光照效果滤镜是一个强大的灯光效果制作滤镜，包含17种光照样式、3种光源，可以在RGB图像上产生无数种光照效果，还可以使用灰度文件的纹理（也称凹凸图）产生类似3D效果。该滤镜运用了全新的64位光照效果库，可以获得更佳的性能和效果。使用光照效果滤镜的详细操作步骤如下。

步骤一：打开需要的素材，原图如图7-145所示。

步骤二：执行"滤镜"→"渲

图7-145　原图

染"→"光照效果"命令，默认情况下画面中会显示一个光源的控制框。

　　步骤三：拖动控制框上的控制点可以更改光源的位置、形状，如图7-146所示。单击右侧的"属性"面板，在"光照效果"区域内的"颜色""聚光"的文本框中分别输入"50"和"50"，如图7-147所示。

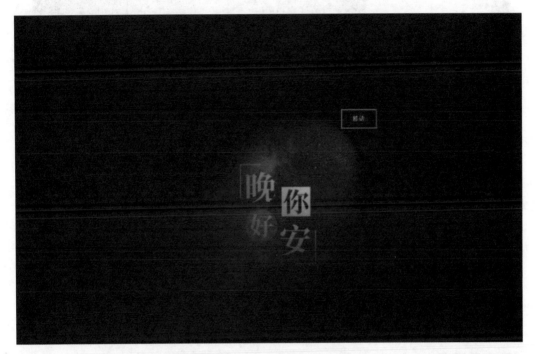

图7-146　更改光源的位置、形状

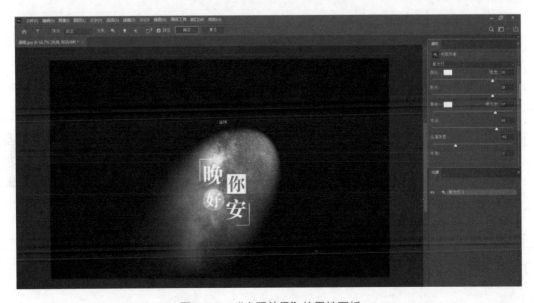

图7-147　"光照效果"的属性面板

　　步骤四：单击属性栏中的"预设"下拉列表，其中包含多种预设的光照效果，如图7-148所示。选择某一项即可更改当前画面效果，如图7-149所示。

图7-148 "预设"
下拉列表

图7-149 选择"交叉光"选项预设效果

【小贴士】"光照效果"对话框解析

"光照效果"对话框解析

素养园地

同步实训

扫码下载素材

任务T7-1：利用特殊滤镜组中的自适应广角滤镜将"项目7-素材1"中的广角进行校正。

任务T7-2：利用风格化滤镜组中的查找边缘滤镜将"项目7-素材2"中的"鞋子"进行处理。

同步测试

项目8　节日大促电商营销图片设计案例

🎚 重难点

- ❖ 不同风格营销图片设计的要求
- ❖ 不同风格营销图片设计的原理
- ❖ 不同风格营销图片设计的基本步骤

⚖ 项目导图

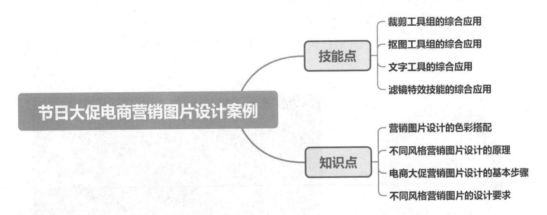

🎬 项目情境

　　电商各类平台的大型促销活动即将来临，促销的最终目的是将商品售出。在展开活动前，小李就需要计划与准备活动目标销售额、活动主打商品、活动推行计划、活动应急措施等，每个环节都要事前规划好，才便于店铺活动的实时监控。为了迎接开店以来第一个"双十一"活动的成功，小李和运营团队商量提前参加淘宝的官方活动，如聚划算、首页展示，并且开通了直通车、淘宝客等增加店铺曝光率的付费渠道。要求美工助理针对店铺内不同产品的消费者定位，设计出适配性比较高的营销图片。

任务1　营销图片设计之色彩搭配

🔧 任务情境

　　色彩搭配就是不同色相之间相互呼应和相互调和的过程，颜色有成千上万种，优秀的色彩搭配能够让人眼前一亮。为了设计出不同风格的营销图片，美工助理打算先学习营销图片设计的色彩搭配。

1. 配色比例

　　某著名设计师曾经针对色彩的配色提出黄金比例原则，即70%、25%与5%的配比方式，其中70%底色为大面积使用的底色，而25%主色与5%强调色则是可以利用互补色的特性，来将主色及强调色衬托出来，配色比例如图8-1所示。

图8-1　配色比例

2. 认识色相环

　　伊登12色相环是由近代著名的色彩学大师，美国籍教师约翰斯·伊登（Johannes Itten，1888—1967）所著《色彩论》一书而来的。设计特色是以三原色作为基础色相，色相环中每个颜色的位置都是独立的，区分得相当清楚，排列顺序和彩虹及光谱的颜色排列方式是一样的。这12个颜色间格都一样，以6个补色对，分别位于直径对立的两端，发展出12色相环。

　　12色相环由原色（Primary colours）、二次色（Secondary colours）和三次色（Tertiary colours）组合而成。色相环中的三原色是红、黄、蓝，彼此"势均力敌"，在环中形成一个等边三角形，如图8-2和图8-3所示。

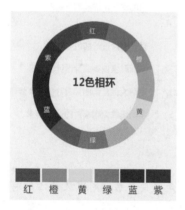

图8-2　12色相环

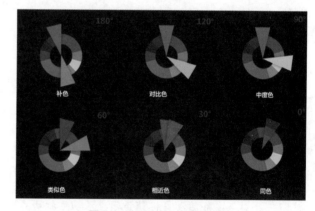

图8-3　色彩对比的强弱程度

　　色彩对比的强弱程度，取决于色相之间在色相环上的距离（角度），距离越小对比越弱，反之则对比越强。

3. 色彩搭配

　　将营销图片设计中常见的色彩搭配是按照色相的顺序归类，配以其他色相或同色相，应用对比和调和的方法，按照一定的顺序排序。

　　各种颜色代表什么？简单概括总结如下。红：活跃、热情、勇敢、爱情、野蛮；橙：富饶、充实、未来、友爱、豪爽、积极；黄：智慧、光荣、忠诚、希望、喜悦、光明；绿：公平、自然、和平、幸福、理智；蓝：自信、永恒、真理、真实、沉默、冷静；紫：权威、尊敬、高贵、优雅、信仰、孤独。关于配色比例的色彩搭配推荐内容详见二维码。

色彩搭配推荐

4. 单色搭配

调整某颜色的明度或饱和度，会得到另外一种颜色。文字使用的颜色就是用背景色降低饱和度或明度后的结果。若图片本身背景色的明度很高，采用单色搭配就会给人高雅、恬淡、宁静的感觉。

单色搭配是色相环中15°夹角内的颜色。在做营销图片设计时，要根据店铺产品的特征来选择颜色的搭配。需要注意的是，应避免使用过多的色彩，以免让人眼花缭乱。另外，也并不是颜色越单一越好，这会给人单调的感觉。运用单色搭配进行设计的举例，如图8-4所示。

图8-4　单色搭配设计举例

5. 相邻色搭配

相邻色是色相环中90°夹角内的颜色。例如蓝色与黄绿色：蓝色以蓝为主，里面有少量绿色；黄绿色以绿为主，里面有少量蓝色。这组颜色虽然在色相上有一定差别，但是在视觉上却是很接近的。相邻色一般有两个范围，即冷色范围和暖色范围，如绿、蓝、紫的相邻色一般都在冷色范围内，而红、黄、橙的相邻色一般都在暖色范围内。

相邻色因为比较邻近，有很强的关联性，协调柔和，画面较为和谐统一，可以制造出一种柔和、温馨的感觉。这种搭配视觉冲击力不强，红色和橙色相邻色搭配如图8-5所示。

图8-5　红色和橙色相邻色搭配

6. 对比色搭配

对比色是色相环中120°夹角内的颜色。红、黄为百搭色，是典型的对比色搭配，如图8-6所示，浅红色背景上加了一个深红色的放射性背景，有非常抢眼的促销感。红色和黄色虽然是两种颜色，但是都属于一种色相，这样可以使画面摆脱单调的感觉，增加画面的空间感，给人活泼时尚的感觉。

图8-6　红、黄对比色搭配

任务2　跨境电商营销图片设计

🔗 任务情境

为了满足国外友人的需要，小李和运营团队决定创作新的产品。同时，小李和运营团队要求尽快制作跨境电商类产品的营销图片，来吸引国外友人的兴趣。

1. 跨境产品营销图片

在营销图片设计中，难以把一个国家或地区的营销图片归纳为一种风格，设计风格是多样的。无论是国内电商还是跨境电商，产品营销图片都是非常重要的，是提高产品点击率及转化率的重要手段之一。

2. 跨境产品营销图片设计案例

下面以制作跨境产品手提包营销图片为例，详细介绍操作步骤。

（1）制作背景

步骤一：执行"文件"→"新建"命令，在"新建文档"对话框中，在"宽度"和"高度"文本框中输入数值"950"和"550"，在"分辨率"文本框中输入数值"72"，"颜色模式"选择"RGB颜色"和"8 bit"，如图8-7所示。

步骤二：背景素材的添加。将木板背景素材置入文档中，并调整其在画布中的位置。如图8-8所示。木板背景颜色较为鲜艳和丰富，可以调整色相、饱和度达到适配的效果。执行"图像"→"调整"→"色相/饱和度"命令，分别在"色相""饱和度""明度"文本框中输入数值"+20""−50""+50"，把木板背景的色系调成冷色系，如图8-9所示。

图8-7 "新建文档"对话框

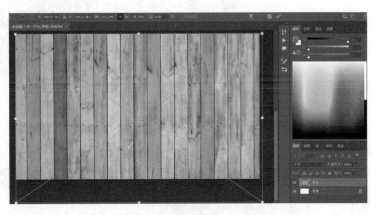

图8-8 置入木板背景素材

图8-9 木板背景的调色

（2）人物的添加

步骤一：打开人物素材，单击工具箱中的"对象选择工具"，把需要的模特素材选中，使用快捷键"Ctrl+J"，就可以把人物抠取出来，如图8-10所示。

图8-10　人物抠取

步骤二：将抠取出来的人物图片，放置到上述木板背景文档中。使用快捷键"Ctrl+T"调整人物的大小至合适位置，如图8-11所示。

图8-11　调整人物大小和位置

步骤三：添加人物影子。选中"图层1"，使用快捷键"Ctrl+J"，复制一个图层"图层1 拷贝"，按住"Ctrl"键的同时单击该图层缩览图，调用出人物模特的选区，把前景色调整为黑色，使用快捷键"Alt+Delete"把人物选区填充为黑色，如图8-12所示。执行"滤镜"→"模糊"→"高斯模糊"命令，弹出"高斯模糊"对话框，设置半径为"50"像素，单击"确定"按钮，如图8-13所示。使用快捷键"Ctrl+D"取消选区，用"移动工具"左右调整"影子"到合适位置，如图8-14所示。

图8-12　人物选区使用黑色填充

图8-13　高斯模糊的设置

图8-14　调整"影子"位置

（3）装饰素材的添加

步骤一：将花束素材置入，选中白色的背景图层。

步骤二：调整花束素材的大小和位置，将"花"图层放置在"图层1"和"图层1拷贝"下方，调整图层不透明度为"27%"，如图8-15所示。

图8-15　花束素材的添加与调整

（4）创意促销文字的添加

步骤一：单击"横排文字工具"，在"搜索和选择字体"下拉列表中选择合适的、获得版权的字体。此处选择"华光彩云_CNKI"字体，如图8-16所示。

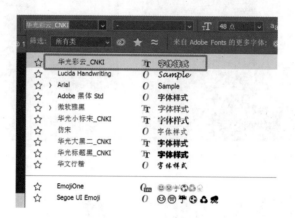

图8-16　字体的选择

步骤二：选择合适的促销文本。可以分层设计不同的创意文本，第一行标明产品名称，文本为"白色蕾丝花边晚礼裙"，设置字体颜色为"绿色"，字体大小为"48点"；第二行突出产品卖点，文本为"优雅气质　精致温柔"，设置字体颜色为"绿色"，字体大小为"48点"；第三行写明产品的促销价格，文本为"原价199元　现价99元"，设置字体颜色为"绿色"，字体大小为"48点"，"99"字体大小为"80点"，字体颜色设置为"红色"，效果如图8-17所示。

图8-17　添加文本效果

（5）促销元素的添加

步骤：选中人物模特所在的"图层1"，置入"还在等啥"和"立即抢购！"素材。使用快捷键"Ctrl+T"调整素材的大小，并移动到最后一行宣传文字的上方位置，最终效果如图8-18所示。

图8-18 最终效果

任务3 简约风营销图片设计

任务情境

　　小李和运营团队决定创作新的产品，根据淘宝生意参谋后台数据，在店铺已有的营销图片中，简约风图片点击率为17%，同一时段的其他产品营销图片点击率在10%左右，小李和运营团队要求美工助理根据这一数据体现的消费者需求制作出具有简约风的营销图片，以此来吸引消费者的兴趣。

1. 简约风营销图片

　　简约风营销图片画面一般会有大量的留白，无论是文案还是图案都是非常精简，给人一种自然又轻松、大方又简约的感觉。但简约并不代表简单，越简单的文案越难设计，因此想要根据一句简短的话设计一张出色的营销图片，非常考验一个美工的设计能力。简约风营销图片如图8-19所示。

图8-19 简约风营销图片

2. 节日大促简约风设计案例

下面以制作简约风格羽绒服外套营销图片为例，具体操作步骤如下。

（1）背景及人物的添加

步骤一：执行"文件"→"新建"命令，弹出"新建文档"对话框，在"宽度"和"高度"文本框中输入数值"950"和"550"，在"分辨率"文本框中输入数值"72"，颜色模式选择"RGB颜色"和"8bit"，如图8-20所示。

步骤二：添加需要的素材，使用"对象选择工具"将人物抠出，如图8-21所示。

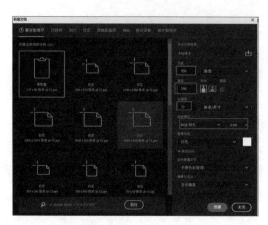

图8-20 "新建文档"对话框

图8-21 人物抠取

步骤三：将抠出的人物，放置到新建的文档中，执行"编辑"→"自由变换"命令，或使用快捷键"Ctrl+T"调整人物的大小到合适位置。利用左右构图的方式，将人物放置在图片靠左的区域，如图8-22所示。

图8-22 调整人物的位置

步骤四：制作与产品颜色对应的渐变背景。单击工具箱中的"设置前景色"，在弹出的"拾色器（前景色）"对话框中，利用吸管工具选取颜色，如图8-23所示，单击"确定"按钮。

单击"渐变工具"，在属性栏中单击"径向渐变"按钮，调整出从前景色到背景色的渐变效果，"不透明度"设置为"100%"。

图8-23　选取颜色

（2）大促文字的添加

步骤一：利用文字工具进行产品名称的打造。选择"横排文字工具"，设置合适的字体，单击"设置前景色"，在弹出的"拾色器（前景色）"对话框中，利用吸管工具选取颜色，单击"确定"按钮，对文字进行颜色填充。其中第一排文字"暖色短款羽绒服"，字体选择"迷你简丫丫"，72号，外描边用淡紫色，如图8-24所示。

步骤二：后两排文字的添加。选择"横排文字工具"，在第一排下方单击，添加第二排文字"原价199元"，字体选择"迷你简小标宋"，72号，外描边用淡紫色，其中"199元"设置字体格式加上"删除线"；选择"横排文字工具"，在第二排下方单击，添加第三排文字"双十一99元"，字体选择"方正康体简体"，72号，外描边用淡紫色，如图8-25所示。

图8-24　产品名称的添加

图8-25　促销文字的添加

步骤三：按钮文字的添加。执行"文件"→"置入嵌入对象"命令，在弹出的"置入嵌入的对象"对话框中，选择需要的素材，单击"置入"按钮，将"立即抢购"素材置入文档，选中图层，执行"编辑"→"自由变换"命令，调整字体的大小和位置，如图8-26所示。

（3）装饰元素的添加

步骤：添加彩带背景，如图8-27所示。执行"编辑"→"自由变换"命令，或者使用快捷键"Ctrl+T"，调整大小到合适位置，利用图层混合模式和色阶等去除无关内容，最终效果如图8-28所示。

图8-26　促销文字的添加

图8-27　彩带背景

图8-28　最终营销图片效果

任务4　中国风营销图片设计

任务情境

中秋佳节即将来临，小李和运营团队决定设计几款精美的中国风营销图片参加淘宝官方活动，以此来吸引偏爱中国风的消费者。

1. 中国风营销图片

中国风，即具有中国古典特色的风格，蕴含大量国风元素，如毛笔字、服饰、乐器、诗词、传统手工和建筑等。

随着中国风的火热，国潮热浪席卷而来，在各大品牌发布的营销图片中，也有越来越多的中国风元素。在某种程度上，中国风正在引领着时尚的风潮。中国风营销图片举例如图8-29、图8-30所示。

图8-29 中国风营销图片1

图8-30 中国风营销图片2

2. 中国风营销图片设计案例

下面以制作中国风女装旗袍营销图片为例，具体的操作步骤如下。

（1）制作背景

步骤一：执行"文件"→"新建"命令，在弹出的"新建文档"对话框中，在"宽度"和"高度"文本框中输入数值"950"和"550"，在"分辨率"文本框中输入数值"72"，颜色模式选择"RGB颜色"和"8bit"。

步骤二：背景素材的添加。将背景素材导入文档中并调整其在画布中的位置，如图8-31所示。

图8-31 背景素材的添加

（2）人物模特的添加

步骤一：选择需要添加的素材，如图8-32所示。利用色彩通道差异和磁性钢笔工具结合的方式抠取模特，合并图层，把人物完整地抠取出来，抠取过程如图8-33所示。

图8-32　人物素材

图8-33　人物抠取过程

步骤二：将抠取出来的图片，放置到新建的文档中，执行"编辑"→"自由变换"命令，或者使用快捷键"Ctrl+T"，调整人物的大小到合适位置，如图8-34所示。

图8-34　调整人物位置

步骤三：制作与产品颜色对应的渐变色背景。单击工具箱中的"设置前景色"，在弹出的"拾色器（前景色）"对话框中，用拾色器在裙子的绿色上单击，单击"确定"按钮。单击"创建新图层"按钮，使用快捷键"Alt+Delete"填充前景色。选择"渐变工具"，属性栏中选择"径向渐变"，拖动鼠标指针调整到合适的渐变颜色。将"图层2"的"不透明度"调整到40%左右，如图8-35所示，可以达到融合效果，如图8-36所示。

图8-35　调整不透明度

图8-36　调整后的融合效果

（3）中国风元素的添加

　　步骤一：选择需要的荷花素材置入，如图8-37
所示。执行"编辑"→"自由变换"命令，或者使
用快捷键"Ctrl+T"，将荷花素材移动到营销图片
的左侧并进行水平翻转，调整图层的混合模式为
"正片叠底"，发现在荷花四周边缘处有明显较硬
的边角，使用"曲线"调整图层亮度，消除较硬的
边角，效果如图8-38所示。

图8-37　荷花素材

图8-38　荷花素材的融入

步骤二：置入小桥流水素材，如图8-39所示。利用"编辑"→"自由变化"命令等比例缩放，调整小桥的位置在整个营销图片的右侧，根据现有的效果调整图层的混合模式为"正片叠底"，将图层的"不透明度"调整到50%左右，利用"曲线"将图层调亮，并将"不透明度"调整到20%左右，使小桥有影影绰绰的效果。同时仍然发现在小桥边缘处有明显较硬的边角，利用添加蒙版来处理这个问题。调整前景色为黑色，使用画笔工具将小桥流水边缘较硬的边角擦除，最终小桥流水素材的融入如图8-40所示。

图8-39　小桥流水素材

图8-40　小桥流水素材的融入

步骤三：置入小鱼素材，将图层混合模式设置为"正片叠底"，使其融入营销图片中，将其等比例缩放，按住"Alt"键复制一条鱼，将其水平翻转，形成双鱼戏水的场景，如图8-41所示。或者根据营销图片的空余位置进行调整，比如调整图层的透明度，将鱼的图层放到荷花图层下方，锁住鱼的图层对其进行黑色的填充等，都能达到美观、别致的效果。

图8-41　小鱼素材的融入

（4）创意文字的添加

步骤一：单击"横排文字工具"，在属性栏选择合适的获得版权的字体，如图8-42所示。

步骤二：输入合适的文本。在"图层"面板中单击"创建新图层"按钮。在工具箱中单击"矩形选框工具"，绘制一个矩形选区，选择合适的诗文输入文本框中，调整字体的大小，使文本呈现出较好的效果，如图8-43所示。

图8-42 选择合适的字体

图8-43 文本的制作

步骤三：接着用同样的方法，在营销图片中添加文本的标题，为了有别于正文可以设置其他的字体，并且写上相关的促销文字"双十一到手99元"，如图8-44所示。

图8-44 促销文字的添加

步骤四：国风印章文字的添加。置入国风印章文字图片，将颜色模式调整为RGB模式，解锁图层，利用移动工具将其拖到营销图片文档，图层混合模式设置为"正片叠底"，过滤掉图层中的白色，再将其放在诗文的右下侧位置，如图8-45所示。

图8-45　国风印章文字的添加

（5）促销元素的添加

步骤一：设计一个红色的文本背景框。选择"矩形选框工具"，属性栏中单击"添加到选区"按钮，然后绘制选区，单击工具箱中的"设置前景色"，在弹出的"拾色器（前景色）"对话框中，在左侧颜色区域选择红色，如图8-46所示，单击"确定"按钮。单击"创建新图层"按钮，使用快捷键"Alt+Delete"填充前景色，如图8-47所示。

图8-46　选择前景色

图8-47　填充前景色

步骤二：选择"横排文字工具"，在属性栏中设置字体、字号、颜色等文字属性。在红色背景框里输入"立即抢购"的文字或直接导入"立即抢购"的图片，最终营销图片的效果如图8-48所示。

图8-48　最终营销图片效果

任务5　欧式风格营销图片设计

任务情境

运营部门经过淘宝大数据分析调查，发现一部分消费者对欧式风格情有独钟。小李和运营团队准备制作欧式风格的营销图片。

1. 欧式风格营销图片

欧式风格的特点是强调线性流动变化，颜色比较华丽，多与暖色调融合。欧式风格营销图片示例如图8-49所示。

图8-49　欧式风格营销图片示例

2. 欧式风格营销图片设计案例

下面以制作欧式风格晚礼服营销图片为例，具体操作步骤如下。

（1）制作背景、添加素材

步骤一：执行"文件"→"新建"命令，弹出"新建文档"对话框，在"宽度"和"高度"文本框中输入数值"950"和"550"，在"分辨率"文本框中输入数值"72"，颜色模式选择"RGB颜色"和"8bit"。

步骤二：背景素材的添加。考虑到人物为身着红色礼服的女性，单击工具箱中的"设置前景色"，在弹出的"拾色器（前景色）"对话框中，利用拾色器在连衣裙上取色，单击"确定"按钮。在"图层"面板单击"创建新图层"按钮，利用"渐变工具"设置由白色到红色的径向渐变的背景。在渐变色下新建图层，叠加光斑、光影图案素材，如图8-50所示，可以使背景更有层次感，效果如图8-51所示。

图8-50　光斑、光影图案素材

图8-51　背景制作完成效果

（2）人物的添加

步骤：利用"魔术橡皮擦工具""橡皮擦工具"等抠出人物，擦除人物边缘背景，选择合适的硬度进行精修，置入抠取的人物。执行"编辑"→"自由变换"命令，或者使用快捷键"Ctrl+T"调整人物的大小到合适位置，如图8-52所示。

图8-52　人物的添加

（3）欧式风格元素的添加

步骤一：添加欧式风格边框。置入欧式风格边框素材，图层混合模式设置为"正片叠底"，将边框放置在背景图中合适的位置，留出文案的位置，如图8-53所示。

图8-53 欧式风格边框的添加

步骤二：添加欧式风格装饰元素。置入需要的羽毛、皇冠等素材，如图8-54和图8-55所示。复制这些元素到营销图片的新图层，图层混合模式设置为"正片叠底"，去除装饰元素的背景，放置在背景图中合适的位置，效果如图8-56所示。

图8-54 羽毛素材

图8-55 皇冠素材

图8-56　添加欧式风格装饰元素效果

　　步骤三：添加促销元素。置入促销素材，如图8-57所示。复制这些元素到营销图片的新图层，图层混合模式设置为"正片叠底""滤色"或"变暗"等，搭配调整色阶和曲线及蒙版，完成后放在上方位置，如图8-58所示。

图8-57　促销素材

图8-58　添加促销元素

（4）文案的添加

步骤一：单击"横排文字工具"，选择合适的字体，单击"设置前景色"，在弹出的"拾色器（前景色）"对话框中，选取礼服的颜色，单击"确定"按钮。对文字进行颜色的填充，第一排文案字体格式设置为"Burgues Script"。第二排文案为"199元两件"，调整字体图层格式为"浮雕"或"渐变色"，字体格式设置为"造字工房尚雅体"，如图8-59所示。

图8-59　文案的添加

步骤二：添加促销元素。置入需要的促销素材，复制"立即抢购"元素到营销图片新图层，图层混合模式设置为"正片叠底"，可以去除背景，放置在背景图中右下方，最终营销图片效果如图8-60所示。

图8-60　最终营销图片效果

任务6　可爱风格营销图片设计

任务情境

　　双十一大促对于童装类目来说也是一个很好的机会，为了满足儿童服饰推广要求，小李与运营部门决定打造可爱风格的营销图片。

1. 可爱风格营销图片

　　可爱风格的营销图片通过简单的线条搭配明亮的颜色，极具装饰性。可爱风格营销图片示例如图8-61和图8-62所示。

图8-61　可爱风格营销图片1

图8-62　可爱风格营销图片2

2. 可爱风格营销图片设计案例

　　下面以制作可爱风格营销图片为例，具体操作步骤如下。

　　（1）添加素材、制作背景

　　步骤一：安装需要的字体（在获得版权的前提下），如图8-63和图8-64所示。

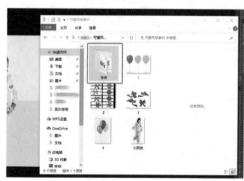

图8-63　安装字体

图8-64　安装进程

　　步骤二：执行"文件"→"新建"命令，弹出"新建文档"对话框，在"宽度"和"高度"文本框中输入数值"950"和"550"，在"分辨率"文本框中输入数值"72"，颜色模式选择"RGB颜色"和"8bit"。

（2）营销图片人物处理和背景填充

步骤一：置入需要的人物素材，将人物从背景中抠出，擦除大面积浅色背景可以使用"魔术橡皮擦工具"，"容差"设置为20左右，勾选"连续"复选框，多次单击擦除背景，如图8-65所示。

图8-65　人物抠取后的效果

步骤二：擦除靠近人物的小面积背景和边缘背景。将"魔术橡皮擦工具"的"容差"文本框的值调到5～8之间，将图像放大，多次擦除人物头发、衣服边缘的背景，使用"橡皮擦工具"，调整合适的硬度、大小进行精修，如图8-66所示。

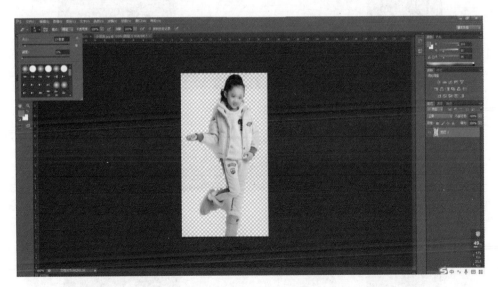

图8-66　对人物进行调整

步骤三：将抠出的人物拖动到营销图片上，执行"编辑"→"自由变换"命令，或者使用快捷键"Ctrl+T"，拖动对角线时按"Shift"键，可达到等比例缩放的效果，如图8-67所示。

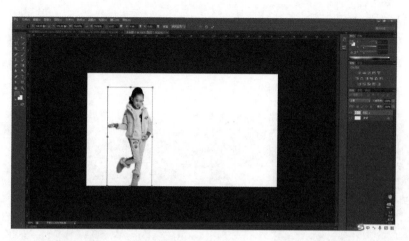

图8-67　移动人物

步骤四：执行"视图"→"标尺"命令，调出标尺，如图8-68所示。执行"视图"→"新建参考线"命令，在弹出的"新建参考线"对话框中，单击"取向"区域的"水平"选项，单击"确定"按钮，如图8-69所示。

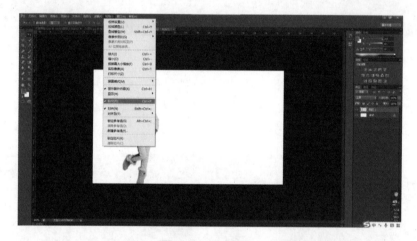

图8-68　调出标尺

图8-69　新建水平参考线

本例人物服饰中颜色主要有明黄色、浅粉色，建议使用明黄色、浅粉色作为背景，使用线条、间隔色搭配。

　　步骤五：移动参考线，将背景分成上下两半。选择"矩形选框工具"，单击"添加到选区"按钮，绘制选区，选中下半部分区域（参考线的位置可以看左侧标尺数据），新建一个图层。新图层放在"小朋友"图层下面并选中，单击"设置前景色"，在弹出的"拾色器（前景色）"对话框中，选择黄色，单击"确定"按钮。单击"创建新图层"按钮，使用快捷键"Alt+Delete"填充前景色，即框选的下半部分的背景，如图8-70所示。

图8-70　填充下半部分背景

　　步骤六：使用"Ctrl+D"快捷键取消选区，在工具箱中选择"矩形选框工具"，绘制一个矩形选区，选定参考线上半部分，新建图层，设置前景色为人物服装内衬区域的浅粉色，填充为上半部分背景。填充完毕后清除参考线，步骤如图8-71所示。如果认为背景色过深，可以选中图层进行不透明度调整，如图8-72所示。

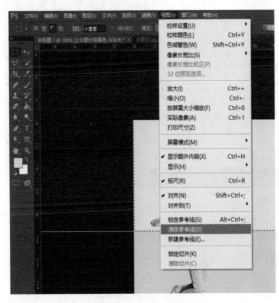

图8-71　消除参考线

图8-72　不透明度的调整

（3）宣传内容的添加

步骤一：置入领结素材，将其移动到营销图片上。图层混合模式设置为"正片叠底"，如图8-73所示。考虑到营销图片主体为明黄色和浅粉色，可以参考颜色搭配表对领结进行改色，执行"图像"→"调整"→"色相/饱和度"命令，弹出"色相/饱和度"对话框，将领结改为青色，勾选右下角"着色"复选框，进行色相和饱和度的调整，如图8-74所示。

图8-73　设置"正片叠底"混合模式

图8-74　色相和饱和度调整

步骤二：添加气球点缀。置入气球素材，在"图层"面板中单击"创建新图层"按钮，执行"编辑"→"自由变换"命令，或者使用快捷键"Ctrl+T"，进行图像缩放，缩放时按住"Shift"键为等比例缩放，图层混合模式设置为"正片叠底"。调整图层，执行"图像"→"调整"→"曲线"命令，在"曲线"对话框中增加亮度，可以减少气球和营销图片的背景色差，使图层更好地融合，如图8-75所示。

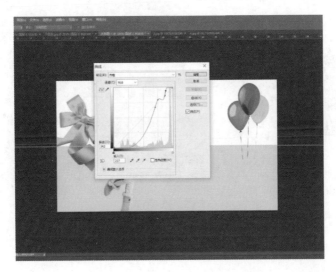

图8-75　调整"曲线"并减少色差

　　步骤三：添加活动文案。可以用步骤开始时安装的字体作为文案字体，使用拾色器吸取营销图片主体的黄色或浅粉色，作为文案字体的颜色。字体颜色较浅，可以建立选区填充背景色，突出文案。输入文字并调整好后，利用"Ctrl+D"快捷键取消选区，如图8-76所示。

图8-76　添加活动文案

　　步骤四：重复利用以上的图像调整功能，为营销图片添加更多节日和活动主题元素。最终效果如图8-77所示。

图8-77　最终效果

素养园地

同步实训

任务T8-1：利用"项目8-素材1"制作简约风格营销图片。
任务T8-2：利用"项目8-素材2"制作中国风营销图片。
任务T8-3：利用"项目8-素材3"制作欧式古典营销图片。
任务T8-4：利用"项目8-素材4"制作可爱风格营销图片。

扫码下载素材

同步测试